TÜV-Tipps Pkw-Anhänger

**TÜV-Tipps Auto & Motorrad**

**Kauf, Bau, Prüfung und Betrieb**
8., überarbeitete Auflage

TÜV Media

# TÜV-Tipps Pkw-Anhänger

H. Miedel / G. Spitzer / D. Lauffs

/Rheinland®
nau. Richtig.

Bibliografische Informationen der Deutschen Nationalbibliothek

Die Deutsche Nationalbibliothek verzeichnet diese Publikation in der Deutschen Nationalbibliografie. Detaillierte bibliografische Daten sind im Internet über http://dnb.d-nb.de abrufbar.

Gedruckt auf chlorfrei gebleichtem Papier.

ISBN 978-3-8249-1872-0


Gesamtherstellung: TÜV Media GmbH, Köln 2015
Printed in Germany 2015

# Inhaltsverzeichnis

# Vorwort

Pkw-Anhänger sind üblicherweise ein- oder doppelachsige Fahrzeuge, von denen in Deutschland mehr als zwei Millionen auf den Straßen unterwegs sind; davon sind etwa ein Drittel Wohnwagen und zwei Drittel Nutzanhänger der verschiedensten Bauarten.

Nach wie vor stellt der Eigenbau eines Anhängers eine interessante Alternative zum Kauf von in Serie gefertigten Anhängern dar – sei es aus Preisgründen oder sei es, weil für den angestrebten Transportzweck ein Fahrzeug „von der Stange“ nicht erhältlich ist.

Rege Tätigkeit seitens des Gesetzgebers hat die Technik des Anhängerbaus zwar nicht grundlegend verändert, jedoch in vielen Bereichen neue Rahmenbedingungen geschaffen. Neben den Vorschriften der Straßenverkehrs-Zulassungs-Ordnung (StVZO) gibt es auch eine Vielzahl von internationalen und rein europäischen Regelungen, die teils konkurrierend und teils verpflichtend Bedeutung beim Bau oder Umbau eines eigenen Anhängers erlangen.

Schwerpunkt dieser Auflage ist es, neben der aktuellen Technik des Anhängerbaus eine Hilfe beim Gang durch den Dschungel der Vorschriften zu geben.

Die Technik ist recht überschaubar, der Anreiz, selbst tätig zu werden, daher verständlicherweise groß. Leider entsprechen die Ergebnisse nicht immer den Anforderungen, die der begutachtende Sachverständige stellen muss. Um derartige Schwierigkeiten bei der Abnahme der Fahrzeuge zu vermeiden, ist es wünschenswert, den Selbstbauern von Anhängern entsprechende Tipps und Ratschläge aus der täglichen Prüf-Praxis zu geben.

Aber auch all jenen, die sich lediglich einen Anhänger kaufen oder ihn nur benutzen wollen, soll mit dieser Broschüre Wissenswertes über Anschaffung, Zulassung und Betrieb dieser Fahrzeuge vermittelt werden.

Allen Experten und Firmen, die diese Arbeit mit Anregungen und fachlichem Rat unterstützt haben, sei an dieser Stelle besonders gedankt.

TÜV Rheinland Group

# 1 Beschaffung und Benutzung

## 1.1 Anhänger als Alternative

Mancher Pkw-Fahrer, der als „Mini-Spediteur“ schon einmal etwas gewichtigere oder sperrigere Dinge zu transportieren hatte und der sich mit nicht mehr schließbaren Kofferraumdeckeln oder problematischer Ladungssicherung auf Dachgepäckträgern plagen musste, wird bei der Suche nach Alternativlösungen für seine Transportprobleme auch den Einsatz eines Anhängers in Erwägung gezogen haben. Häufig wird ein solcher Gedanke allerdings gleich wieder verworfen, weil keine Anhängerkupplung vorhanden ist und der nachträgliche Anbau einer solchen nicht nur – je nach Fahrzeugtyp – mit Kosten in der Größenordnung zwischen 500 EUR und 1.000 EUR zu Buche schlägt, sondern auch mit einem Werkstattaufenthalt des Fahrzeugs und gegebenenfalls mit Abnahmeformalitäten verbunden ist. Würden alle Pkw schon herstellerseitig mit Anhängerkupplungen ausgerüstet, wäre die Anhängerbenutzung sicher wesentlich gebräuchlicher. So aber sind bei der Frage, ob die Verwendung eines Anhängers für eine bestimmte Transportaufgabe mit dem Pkw sinnvoll ist, zunächst einmal die Kosten für die Ausrüstung des Zugfahrzeugs mit einer Anhängerkupplung zu berücksichtigen bzw. den eigentlichen Kosten der Anhängeranschaffung und des Anhängerbetriebs hinzuzurechnen.

### Anschaffung und Steuern

Die Beschaffungs- und Betriebskosten von Pkw-Anhängern sind im Vergleich zu den Kosten der Zugfahrzeuge meist relativ gering. Kleinere Gepäckanhänger (ca. 400 kg Gesamtgewicht bei ca. 300 kg Nutzlast) kann man z. B. über Versandhäuser bereits unter 500 Euro bekommen. Im Bereich von 1.000 bis 1.500 EUR gibt es schon recht ausgewachsene normale Nutzlastanhänger. Spezialanhänger für besondere Transportprobleme kosten in der Regel ein paar tausend Euro mehr (Bild 1).

Mit fünfstelligen Zahlen muss man schließlich bei den größeren Wohnanhängern rechnen (Bild 2). Was die laufenden Kosten anbelangt, so fällt am ehesten die zu zahlende Steuer ins Gewicht. Pro angefangene 200 kg Gesamtgewicht sind derzeit pro Jahr 7,46 EUR zu zahlen. Anhänger für Tiere zu Sportzwecken oder Anhänger für Sportgeräte sind als zulassungsfreie Anhänger sogar steuerfrei.

***Bild 1:*** Transportanhänger gibt es in vielen Größen und Preisklassen

***Bild 2:*** Zur größten Kategorie der Pkw-Anhänger zählen die Wohnwagen in Tandemachsbauart

Das heißt, die Steuer für einen kleinen 400-kg-Gepäckanhänger z. B. kostet 14,92 EUR pro Jahr, für einen größeren Wohnanhänger von z. B. 1.500 kg Gesamtgewicht 59,68 EUR. Soweit Anhänger vom Zulassungsverfahren ausgenommen sind (z. B. Anhänger zum Transport von Sportgeräten oder Tieren für Sportzwecke), unterliegen sie keiner Besteuerung.

### Versicherungsfragen

Auch die Haftpflicht-Versicherungsbeiträge sind vergleichsweise gering. Bei dem genannten Wohnanhänger liegen sie zum Teil unter 20 EUR, bei leichteren Nutzlastanhängern (z. B. 400 kg) liegen sie in der Regel unter 15 EUR, für Nutzlastanhänger über 1 t Gesamtgewicht (z. B. 2.000 kg) müssen weniger als 30 EUR bezahlt werden. Preisvergleiche insbesondere für die Fahrzeugteilversicherung oder Fahrzeugvollversicherung sind ratsam, da zwischen den einzelnen Versicherungen gerade im Anhängerbereich erhebliche Differenzen bestehen.

Zulassungsfreie Anhänger sind sogar von der Haftpflichtversicherung befreit. Dazu zählen beispielsweise Hundetransportanhänger, Bootsanhänger, Pferdetransportanhänger oder Motorradanhänger – wenn sie bestimmungsgemäß eingesetzt und nicht gewerblich genutzt werden. Solange diese Anhänger an einem Zugfahrzeug angekuppelt sind, kommt die Haftpflichtversicherung desselben für eventuelle Schäden auf, die anderen Verkehrsteilnehmern zugefügt werden. Dies gilt jedoch nicht für den abgekuppelt abgestellten Anhänger. Sollte sich dieser – aus welchem Grund auch immer – in Bewegung setzen und einen Schaden verursachen, zahlt der Halter aus eigener Tasche. Da selbst kleinere Blechschäden schnell die 1.000-EUR-Grenze überschreiten und die Privathaftpflichtversicherung in solchen Fällen nicht zahlt, kann die eingesparte Versicherungsprämie schnell teuer zu stehen kommen. Der Rat kann nur lauten: freiwillig versichern, denn die Prämie ist – wie wir an den Beispielen der oben angegebenen Anhänger gesehen haben – kein Betrag, über den sich wirklich nachzudenken lohnt.

### Verbrauch, Wertverlust und Stellplatz

Zu berücksichtigen ist auch der höhere Kraftstoffverbrauch eines Gespannes, der etwa zwischen 10 und 50 % liegen kann (ungünstiger Fall: z. B. Gespann mit großem Wohnanhänger). Wenn man über Kosten redet, ist auch an den Wertverlust zu denken. Rechnet man bei Pkw nach fünf Jahren im Mittel noch mit einem Zeitwert von 40 %, so liegt diese Zahl für übliche Pkw-Anhänger mit ca. 27 % etwas darunter [1]. Bei Wohnanhängern ist die entsprechende Vergleichszahl mit 40 % in etwa vergleichbar. Bei über sieben Jahre alten Fahrzeugen wird der Wertverlust bei den Anhängern im Vergleich zu den Kraftfahrzeugen durchweg geringer. An dieser Stelle ist anzumerken, dass Anhänger, speziell Nutzanhänger, häufig eine Lebensdauer von 30 und mehr Jahren besitzen. Nach dem recht schnellen Wertverfall der ersten Jahre stabilisieren sich daher die Preise in späteren Jahren.

Schließlich wären noch die Kosten für Wartung und Reparatur zu berücksichtigen. Sie sind jedoch im Vergleich zum Kraftfahrzeug besonders bei kleinen ungebremsten Anhängern bzw. bei Anhängern, die nur im Freizeitbereich Verwendung finden, vernachlässigbar. Bei intensiv gewerblich genutzten Anhängern können dagegen Kosten z. B. für Bremsen und Reifen schon deutlicher zu Buche schlagen. Neben den reinen Kostenbetrachtungen sollten noch weitere Überlegungen angestellt werden. So ist daran zu denken, dass der Anhängerbetrieb verkehrsrecht-lichen Beschränkungen (z. B. Geschwindigkeitsbegrenzungen und Überholverboten) unterliegt und dass das Fahrverhalten eines Zuges häufig problematischer ist als das des Solo-Kraftfahrzeugs.

Hier muss man allerdings einschränken: Das Fahren mit einem kleinen Gepäckanhänger kann durchaus günstiger sein als das Fahren mit einem überladenen Kofferraum oder einer zu großen Dachlast.

Schließlich darf nicht vergessen werden, dass der Anhänger bei Nichtbenutzung einen Stellplatz benötigt. Das Abstellen von Anhängern im öffentlichen Verkehrsraum über einen längeren Zeitraum scheidet grundsätzlich aus. In § 12 Absatz 3a der Straßenverkehrsordnung heißt es, dass Kraftfahrzeuganhänger ohne Zugfahrzeug nicht länger als zwei Wochen im öffentlichen Verkehrsraum geparkt werden dürfen.

Bei einem kleinen Nutzlastanhänger mit abnehmbarer Zugeinrichtung gibt es vielleicht die Möglichkeit, das Fahrzeug hochkant an die Garagenwand zu stellen, bei einem größeren Wohnanhänger aber ist das Vorhandensein eines entsprechend großen Stellplatzes notwendig.

Für Leute, die ein größeres Boot oder ein Motorrad mit in die Ferien nehmen wollen, die gelegentlich mitsamt ihrem Pferd verreisen oder die als Hobbyheimwerker des Öfteren Balken, Bretter und Platten transportieren, stellt sich allerdings gar nicht erst die Frage: Anhänger ja oder nein? Für sie sind nur noch die Fragen interessant: Wie soll der passende Anhänger aussehen und wie ist er zu beschaffen?

## 1.2 Der richtige Anhänger

Von der Transportaufgabe oder dem Verwendungszweck her gesehen, ist meist ein großer Anhänger wünschenswert: Die Ladefläche soll möglichst groß, die Nutzlast möglichst hoch sein, der Wohnraum möglichst viel Platz bieten usw. Für ein sicheres und müheloses Fahren ist andererseits ein kleiner und leichter Anhänger das Richtige. Hier gilt es, die jeweils optimalen Kompromisse zu finden, wobei die Frage nach dem richtigen Anhänger auch die Frage nach dem richtigen Zugfahrzeug berührt. Eigentlich gibt es weder den optimalen Anhänger noch das optimale Zugfahrzeug, sondern nur die optimale Zugzusammenstellung.

Ist von der Transportaufgabe her die Anhängergröße fest vorgegeben, muss – falls z. B. die zulässige Anhängelast des Kraftfahrzeugs dafür nicht ausreicht – ein anderes Zugfahrzeug vorgesehen werden. Meist wird jedoch dem vorhandenen Zugfahrzeug die Anhängergröße angepasst. Dabei ist es grundsätzlich ratsam, die in den Fahrzeugpapieren angegebene zulässige Anhängelast nicht voll auszunutzen. Erfahrene Gespannfahrer raten sogar, – je nach Zugzusammenstellung – bis auf die Hälfte dieser zulässigen Anhängelast herunterzugehen.

## Nutzlast

Besonders bei Nutzlastanhängern ist zwischen zulässigem Gesamtgewicht des Anhängers und dem jeweils tatsächlich vorhandenen Gewicht des beladenen Anhängers (momentane Anhängelast) zu unterscheiden. Das zulässige Gesamtgewicht des Anhängers kann um die Stützlast höher sein als die zulässige Anhängelast des Zugfahrzeuges.

Üblicherweise werden im Kraftfahrzeugbrief und -schein (Fahrzeugpapiere alter Art) bzw. der Zulassungsbescheinigung Teil I (Fahrzeugpapiere neuer Art) zwei zulässige Anhängelasten, eine für gebremste und eine für ungebremste Anhänger, ausgewiesen.

Übrigens werden seit Oktober 2005 nur noch Fahrzeugpapiere neuer Art ausgestellt. Die Zulassungsbescheinigung Teil II ersetzt den bisherigen Kraftfahrzeugbrief – dient also als Besitznachweis, enthält aber im Gegensatz zum früheren Kraftfahrzeugbrief keine technischen Daten mehr. Die Zulassungsbescheinigung Teil I entspricht dem bisherigen Fahrzeugschein und enthält neben der Angabe von Kennzeichen und Halter die technischen Daten des Fahrzeugs. Deswegen wird heute dem Halter bei der Abmeldung eines Fahrzeugs beim Straßenverkehrsamt auch die als ungültig gekennzeichnete Zulassungsbescheinigung Teil I wieder ausgehändigt.

Die Mehrkosten für gebremste Ausführungen sollte man wegen der meist erheblich höheren zulässigen Gewichte nicht scheuen. Die scheinbar so hohe Nutzlast ungebremster Anhänger mit einer zulässigen Gesamtmasse von 750 kg relativiert sich in vielen Fällen sehr schnell, wenn man einen Blick in die Papiere des angedachten Zugwagens wirft. Denn eine derart hohe ungebremste Anhängelast kann nur mit schweren Zugfahr-zeugen ausgenutzt werden.

***Bild 3:*** Ein solcher Transportanhänger in Tandemachsbauart hat bei einem Leergewicht von etwas mehr als 400 kg fast 1.600 kg Nutzlast.

Ein wichtiges Kriterium bei der Beurteilung eines Anhängers ist das Verhältnis von Leergewicht zu zulässigem Gesamtgewicht. Wünschenswert im Sinn eines hohen Nutzwertes ist geringes Leergewicht bei hoher Zulademöglichkeit (Bild 3). Dies wird erreicht durch entsprechenden Leichtbau, gekonnte Ausführung der Konstruktion und durch Verwendung leichter Materialien (Leichtmetalle, Kunststoffe). Der Einsatz solcher Leichtbau-Technologien kann im Vergleich zu einfacheren, herkömmlichen Konstruktionen höhere Preise rechtfertigen, was bei der Wahl zwischen verschiedenen Fabrikaten oder Typen zu beachten ist.

## Konstruktion

Konstruktion und Werkstoffwahl beeinflussen auch Gebrauchstüchtigkeit und Haltbarkeit der Anhänger. So gibt es hinsichtlich Widerstandsfähigkeit gegen Krafteinwirkungen oder Korrosion Unterschiede, je nachdem, ob z. B. ein Kastenaufbau aus Stahlblech, Stahlprofilen, Holz-, Kunststoff- oder Leichtmetallbeplankung hergestellt ist.

Die Frage nach der jeweils richtigen Anhängerkonstruktion und -ausführung lässt sich nur bei Berücksichtigung der individuellen Einsatzbedingungen des Fahrzeugs beantworten. An einen Gepäckanhänger, der im Sommer bei gelegentlichen Urlaubsreisen benutzt wird, sind weniger Anforderungen zu stellen als an einen ganzjährig gewerblich genutzten Anhänger, mit dem ständig grobe Baumaterialien transportiert werden.

Bei einem Wohnanhänger macht es einen Unterschied, ob er auf expeditionsartigen Reisen in ferne Länder oder nur auf guten Straßen in Mitteleuropa bewegt wird. Für die Ansprüche, die an Achsen, Bremsen, Reifen und Zugeinrichtungen zu stellen sind, ist nicht nur maßgebend, auf welchen Straßen gefahren wird. Von Bedeutung sind auch Fahrweise, Fahrgeschwindigkeit und Grad der üblichen Auslastung des Anhängers.

Der Nutzwert eines Anhängers ist besonders hoch, wenn er für verschiedene Verwendungszwecke konzipiert wurde. So sollte man bestrebt sein, – wenn immer möglich – einen Anhänger für Spezialtransporte in einer Ausführungsvariante zu kaufen oder so zu bauen, dass auch übliche Lastentransporte möglich sind. Hierzu ein Beispiel: Wenn ein Sportboot transportiert werden soll, kann hierfür ein spezieller Bootsanhänger angeschafft werden, der nur für diesen Transport gebaut wurde und verwendet werden darf, wenn er steuerfrei gefahren wird. Man kann aber auch einen normalen Lastenanhänger benutzen, der entsprechend konzipiert wurde. Ein solcher Anhänger könnte bei niedrigen Bordwänden z. B. eine abnehmbare Stirnwand und Heckklappe haben, die für den Bootstransport gegen passende Aufnahmevorrichtungen auszuwechseln wären. Der Anhänger müsste dann zwar regulär zugelassen werden, stünde aber jederzeit für Transportaufgaben anderer Art zur Verfügung. Wenn man berücksichtigt, dass die Kosten für Steuer und Versicherung je nach Größe des Anhängers in einem Bereich von 50 EUR bis 100 EUR liegen, ist ein solches Anhängerkonzept eine überlegenswerte Alternative.

## Wohnwagen

Ein Sonderkapitel ist die richtige Wahl eines Wohnanhängers. Hier kommt es besonders auf die passende Größe an, die vor allem dadurch bestimmt wird, wie viele Personen in dem Wagen auf Reisen oder im Urlaub leben sollen. Schlafplätze und eine entsprechende Raumaufteilung müssen vorhanden sein. Es empfiehlt sich, in jedem Fall die umfangreichen Prospekte und Grundrisse der vielen auf dem Markt befindlichen Fabrikate und Typen zu studieren und zu vergleichen, ehe man seine Wahl trifft, die sicher auch durch die individuellen Ansprüche an Komfort, Aussehen und Ausstattung beeinflusst wird. Wer viel und weit reist, sollte kleinere und aerodynamisch (Hubdachwagen!) wie fahrwerkseitig optimierte Anhänger bevorzugen (Bild 4).

Wer sein „Haus am Haken“ nur gelegentlich zu einem Ferienort schleppt, um dort für längere Zeit ein Standquartier aufzuschlagen oder sich vorwiegend auf dem Dauercampingplatz aufhält, kann getrost die zulässige Anhängelast seines Pkw ausnutzen und sich einen größeren Anhänger in Standardbauweise anschaffen (Bild 5). Spezielle Anhänger wie z. B. Wohnwagen sollte man übrigens zunächst in unterschiedlichen Ausführungsformen mieten oder leihen und im Rahmen des Einsatz- oder Verwendungszweckes ausgiebig testen. Ein solches Verfahren bewahrt am sichersten vor Fehlinvestitionen.

***Bild 4:*** Typische Reisecaravans

***Bild 5:*** Wohnanhänger mit der beliebten Aufbaulänge von 5 bis 6 m

Im Folgenden werden zusammenfassend einige wichtige Fragen zur richtigen Wahl eines Anhängers aufgelistet:

- Soll der Anhänger für harten Dauereinsatz im gewerblichen Bereich eingesetzt werden oder wird er nur gelegentlich im Freizeitbereich benutzt?
- Soll ausschließlich ein bestimmtes Transportgut befördert werden oder wird möglichst universelle Nutzung gefordert?
- Welche Gewichte oder Abmessungen sind vorgegeben?
- Welche Anhängelasten sind für das vorhandene Zugfahrzeug zulässig?
- Ist ein Anhänger mit Bremse erforderlich?
- Muss das Transportgut besonders geschützt oder schonend transportiert werden?
- Welchen Fahrbahngegebenheiten muss der Anhänger gerecht werden (z. B. Einsatz im Gelände oder Reisen in Länder mit schlechten Straßen)?
- Soll der Anhänger aus Abstellgründen teilzerlegbar sein?
- Bei Wohnanhängern: Wie viele Personen sollen im Anhänger wohnen und schlafen können? Sind häufige Fahrten und Fernreisen vorgesehen?
- Welche Ansprüche werden an die Haltbarkeit des Anhängers gestellt?

## 1.3 Wege zum Anhänger

### 1.3.1 Eigener oder gemieteter Anhänger?

Steht fest, dass nur ein Anhänger die individuellen Transportprobleme lösen kann, und ist klar, welchen Anforderungen der Anhänger für den vorgesehenen Verwendungszweck genügen muss, bleibt schließlich die Frage, auf welche Weise er zu beschaffen ist. Dabei ist zunächst die Entscheidung zu treffen: Eigener oder gemieteter Anhänger? Für die richtige Antwort kann eine Kostenvergleichsrechnung nützlich sein.

Zur Ermittlung der Mietkosten muss man wissen, wie häufig – an wie vielen Tagen etwa im Jahr – der Anhänger benötigt wird, da die Vermieter die Leihgebühren üblicherweise in Tagessätzen berechnen. Die Mietkosten differieren übrigens nicht nur abhängig von Art und Größe der Anhänger, sie können auch bei gleichen Fahrzeugen je nach Vermieter beträchtliche Unterschiede aufweisen. Es ist deshalb ratsam, die Preise und Konditionen der einzelnen Vermieter sorgsam zu vergleichen. Dabei sollte neben dem eigentlichen Mietpreis auf sonstige Bedingungen und zu treffende Vereinbarungen geachtet werden. Zu berücksichtigen sind z. B. Fragen wie:

- Muss eine Kaution hinterlegt werden?
- In welchem Zustand ist das Fahrzeug und wie ist es ausgerüstet?
- Wie werden der Übergabe- und Rückgabetag gerechnet?
- Was gilt im Falle von notwendigen Reparaturen?

Den Mietkosten gegenüberzustellen sind die Kosten für die Beschaffung eines eigenen Anhängers. Diese Kosten können unterschiedlich in Ansatz gebracht werden, je nachdem ob man einen neuen bzw. gebrauchten Anhänger kauft oder ob man selbst einen Anhänger baut. Zu diesen drei Alternativen sind also zunächst ein paar Überlegungen anzustellen.

### 1.3.2 Neukauf

Neukauf ist von den drei genannten Möglichkeiten die teuerste, aber normalerweise auch die risikoloseste Art, zum eigenen Anhänger zu kommen. Ein neues Fahrzeug sollten vor allem die kaufen, die von Fahrzeugtechnik und den besonderen Gegebenheiten des Gebrauchtfahrzeughandels wenig verstehen bzw. für die aus sonstigen Gründen Selbstbau oder Gebrauchtkauf nicht in Frage kommen. Natürlich erfordert auch der richtige Neukauf Sachverstand. Dies umso mehr, je anspruchsvoller die jeweilige Fahrzeugart ist. So sind z. B. bei einem großen Wohnanhänger einige Überlegungen mehr anzustellen als bei einem kleinen Gepäckanhänger.

Der wichtigste Rat für den Kaufinteressenten eines Neufahrzeugs ist, ausgiebige Vergleiche anzustellen, und zwar hinsichtlich der gebotenen Technik und Ausstattung der Fahrzeuge, wie auch hinsichtlich der verlangten Preise. Da alle üblichen Anhängerarten von etlichen Herstellern gefertigt werden, sind solche Vergleiche in vielfältiger Weise möglich. Testfahrten oder Mieten zu Testzwecken sollten besonders bei teuren Kaufobjekten (z. B. Wohnanhängern) immer der Unterschrift unter dem Kaufvertrag vorausgehen.

Die Angebotspalette einiger namhafter Anhängerhersteller ist so umfangreich, dass man in der Regel für fast jeden Verwendungszweck den gewünschten Anhänger „von der Stange" kaufen kann. Vor allem übliche Lastanhänger werden in diversen Aufbauarten und vielen Größen- und Gewichtsklassen angeboten. Aber auch bei Boots-, Pferde- und Fahrzeugtransportanhängern sind große Auswahlmöglichkeiten vorhanden. Dennoch gibt es immer noch etliche Fälle, bei denen es sinnvoller und am Ende preiswerter ist, einen speziellen Anhänger für den individuellen

Verwendungszweck bei einem kleinen Hersteller als Einzelanfertigung in Auftrag zu geben.

Zu der Gruppe von Anhängern, die in den Prospekten der Großhersteller normalerweise nicht zu finden sind, gehören Spezialanhänger, wie z. B. zum Transport von Segelflugzeugen, von langen Rudersportbooten, von Hunden oder sonstigen besonderen Tierarten. Beim Prospektstudium sollte man auch an den bereits im Kapitel 1.2 angesprochenen Mehrfachverwendungszweck von Anhängern denken. Es werden z. B. normale Lastanhänger mit flachem Kastenaufbau angeboten, die einen Deckel besitzen, der mit einer Reling oder einer speziellen Aufnahmevorrichtung zum Transport von Booten oder sonstigen Freizeit- oder Sportgeräten versehen ist. Ein anderes Beispiel für einen Mehrfachverwendungszweck ist ein Plattformanhänger zum Transport von Fahrzeugen, der durch einen Kastenaufbau ergänzt werden kann (Bild 6).

***Bild 6:*** Mehrzweckanhänger zum Transport von Fahrzeugen und üblichen Nutzlasten

Beim Kauf von älteren Wohnanhängern ist hinsichtlich des Leergewichtes – und damit der Zulademöglichkeit – Vorsicht angebracht. Wissen muss man in diesem Zusammenhang, dass vor der Einführung der neuen Fahrzeugpapiere bei der TÜV-Abnahme älterer Fahrzeuge nur das zulässige Gesamtgewicht maßgebend war und dass das Leergewicht bei Wohnanhängern in Fahrzeugpapieren nicht eingetragen wurde. Vermerke in vielleicht noch verfügbaren alten Prospekten zu Fertigungstoleranzen und Ausstattungsvarianten sind hier besonders zu beachten. Häufig wird nämlich das Leergewicht für einen Wohnwagen in Minimalausstattung angegeben, z. B. ohne Heizung, Umluftgebläse, Kühlschrank, Reserverad und dergleichen mehr, sodass das tatsächliche Leergewicht in der Regel spürbar höher liegt. Legt man Wert auf eine ganz bestimmte Mindestzulademöglichkeit, sollte man im Einzelfall eine entsprechende Maximalhöhe des Leergewichtes und den Nachweis durch eine Wiegekarte im Kaufvertrag vereinbaren.

Im Jahr 2004 veröffentlichte der Caravaning Industrie Verband (damals VDWH) eine Branchenempfehlung, die als „Masse im fahrbereiten Zustand" bezeichnet wurde, ein neu und wesentlich praxisgerechter definiertes Leergewicht basierend auf entsprechenden EG-Richtlinien. Dieses neu definierte Leergewicht wurde mit der Änderung des Paragrafen 42 Absatz 3 der Straßenverkehrs-Zulassungs-Ordnung zum 1. Juli 2004 geltendes Recht. Dieses neue Leergewicht ist das Gewicht des fertig ausgerüsteten Fahrzeugs (Wohnwagens) mit vollen Frischwasservorräten (ausgenommen System für gebrauchtes Wasser), vollen Gasflaschen und 5-kg-Kabeltrommel, ggf. auch mit Reserverad, Wagenheber und serienmäßigem Werkzeug. Als Zuladung müssen seitdem nur noch Küchenutensilien und -vorräte, Camping-Werkzeug, Vorzelt und persönliches Gepäck berücksichtigt werden.

Mit der Einführung der neuen Fahrzeugpapiere – der sogenannten EG-Fahrzeugpapiere, bestehend aus Zulassungsbescheinigung Teil I (entspricht dem alten Fahrzeugschein) und Teil II (erfüllt die Funktion des alten Fahrzeugbriefes) – wurde die „Leergewichtsangabe" in den Fahrzeugpapieren für alle Fahrzeuge obligatorisch.

### 1.3.3 Gebrauchtkauf

Der Gebrauchtkauf eines Anhängers erfordert Beurteilungsvermögen der Konstruktion und des Zustandes des Fahrzeugs sowie Kenntnisse zur Preissituation auf dem Gebrauchtfahrzeugmarkt.

Am schwierigsten ist dabei der Fall des Gebrauchtkaufs eines im Do-it-yourself-Verfahren entstandenen oder abgewandelten Anhängers. Man kann zwar davon ausgehen, dass ein im Verkehr befindlicher oder schon einmal zugelassener Anhänger den Zulassungs- und Bauvorschriften der Straßenverkehrs-Zulassungs-Ordnung zum Zeitpunkt der Erstabnahme entsprach. Inzwischen können aber Veränderungen und unsachgemäße Reparaturen vorgenommen worden sein. So kann z. B. schon eine fehlerhafte nachträgliche Schweißung an der Zugeinrichtung, am Rahmen oder an der Achse die Betriebserlaubnis des Fahrzeugs zum Erlöschen bringen, und es ist dann unter Umständen sehr aufwendig, das Fahrzeug wieder vorschriftsmäßig herzurichten. Bei der Zustandsbegutachtung eines gebrauchten selbstgebauten Anhängers sollte besonderes Augenmerk auf alle sicherheitsrelevanten Teile hinsichtlich ihrer Festigkeit gerichtet werden. So ist z. B. auf Brüche oder Anrisse an dynamisch beanspruchten Teilen wie Achsen, Federn, Rad- und Achsaufhängungen, Zugrohren, Zugdeichseln und Rahmenelementen zu achten. Alle Schweißstellen, Niet- und Schraubverbindungen sind kritisch zu prüfen.

Aber auch Anhänger, die von namhaften Herstellern in einer vielfach erprobten Serienausführung erstellt wurden, können in gebrauchtem Zustand gravierende Mängel an tragenden bzw. dynamisch beanspruchten Teilen aufweisen, wenn sie unsachgemäß – z. B. mit zu hoher Geschwindigkeit auf schlechten Straßen oder überladen – betrieben wurden. Der prüfende Blick auf alle festigkeitsmäßig neuralgischen Punkte der Konstruktion ist also in jedem Fall angebracht. Weitere wichtige Beurteilungskriterien eines Gebrauchtanhängers sind der Zustand der Räder und Reifen, der Bremsen, der Zugeinrichtung und der Beleuchtungs- und Signaleinrichtungen. Letztere sind auf ihre Funktion hin zu prüfen.

## Bremsen

Das Gleiche gilt für die Bremsen. Die Funktionsprüfung der meistverwendeten Auflaufbremsen kann richtig nur durchgeführt werden, indem man die Radbremskräfte auf einem Rollenprüfstand durch Betätigen des Feststellbremshebels ermittelt und indem man die Wegverhältnisse an den Übertragungseinrichtungen im Fahrversuch auf der Straße beobachtet. Ein Rollenbremsprüfstand wird beim Gebrauchtkauf eines Anhängers in der Regel nicht zur Verfügung stehen. Ein kurzer Bremsversuch mit dem Zug auf einer verkehrsarmen Straße dürfte dagegen fast immer möglich sein, wobei es einer Person bedarf, die das Bremsverhalten des Anhängers, das eventuelle Blockieren der Räder und den Auflaufweg der Übertragungseinrichtungen beobachtet.

Ein Tipp, den Auflaufweg an der Zugstange sichtbar zu machen: Die Stange mit Kreide oder Fett versehen und anschließend einen Bremsversuch durchführen. Wenn die Zugstange durch einen Faltenbalg verdeckt ist, kann man die Länge des Faltenbalges messen, einmal in gestrecktem Zustand, einmal unmittelbar nach der Bremsprobe. Als Anhaltspunkt gilt: Mindestens ein Drittel des möglichen Zugstangenweges soll als Wegreserve verbleiben, um auch bei Auftreten des sogenannten Bremsenfadings noch ausreichend Bremswirkung erzielen zu können. Als Bremsenfading bezeichnet man das hitzebedingte Nachlassen der Bremswirkung bei lang andauernden Bremsvorgängen wie beispielsweise einer Bergabfahrt mit permanentem Bremseneinsatz.

## Aufbau

Die Beurteilung des Aufbauzustandes wird hauptsächlich über die Sichtprüfung aller wichtigen Teile erfolgen. Soweit möglich, sollte aber auch hier die Funktion von Klappen, Türen, Deckeln, Schließ- und Spannvorrichtungen usw. kontrolliert werden.

Ein Sonderkapitel ist der Gebrauchtkauf von Wohnanhängern. Für ihn gilt zunächst auch das vorstehend zum Anhängerfahrgestell Gesagte. Darüber hinaus kommt es hier auf die Beurteilung des Wohnaufbaus an. Die eingehende Sichtprüfung auf äußere und innere Fehler bzw. Schäden am Aufbau muss durch einfache Funktionsprüfungen ergänzt werden, wie Öffnen und Schließen von Türen und Klappen, Betätigen von Gas-, Wasser- und elektrischen Einrichtungen. Im Wohnbereich gibt es aber auch verborgene Mängel, die so schwer sein können, dass von ihnen der Kauf abhängig gemacht werden sollte. Wenn man beim Betreten z. B. eines Wohnanhängers, der vorwiegend in Holzbauweise erstellt ist, deutlich modrige Luft wittert, sollte man sich nach einem anderen Gefährt umsehen; denn Feuchtigkeit ist aus Holzwänden, -böden oder -decken kaum noch zu entfernen, schon gar nicht, wenn Pilz und Schimmel sich festgesetzt haben.

Ein wichtiges Kapitel ist auch die unsichtbare Isolation eines Wohnwagenanhängers. Im Laufe der Zeit können sich bei ursprünglich einwandfreiem Zustand Defekte und Verschleißerscheinungen in der Isolation einstellen. Ein Tipp, wie man Kältebrücken bei winterlichen Temperaturen einfach ermitteln kann: Bei normal geheiztem Wohnraum auf der Kochstelle einen Topf Wasser verdampfen lassen. An den nach außen kalten Stellen schlägt sich der Dampf in Tropfenform nieder. Das ist an Fenstereinfassungen normal. Bilden sich aber an Wänden und Decken Feuchtigkeitsinseln, so stimmt dort mit der Isolation etwas nicht. Aufbauten können sich abhängig von der Bauart mehr oder weniger leicht verziehen. Klemmende oder schlecht schließende Türen und Fenster sind hierfür Alarmsignale. Ein Berieselungstest im Regen oder mit dem Wasserschlauch klärt die wichtige Frage nach der Dichtheit des rollenden Hauses. Löcher und Risse in der Fahrzeugaußenhaut lassen in jedem Fall Wasser in Zwischenwänden und Zwischenräumen vermuten. Holzböden in älteren Wohnfahrzeugen sind nicht selten reparaturbedürftig. Um dies zu erkennen, sollten entsprechende Belastungsproben durchgeführt werden.

## Professionelle Hilfe

Wird im Zusammenhang mit einem Wohnanhänger-Gebrauchtkauf Werkstatthilfe benötigt (z. B. für eine Reparaturarbeit oder einen Reparaturkostenvoranschlag), so kann man sich einer speziellen Caravan-Servicewerkstatt bedienen. Im „Zentralverband Karosserie- und Fahrzeugtechnik e. V.“ (ZKF) gibt es eine Fachgruppe „Caravan-Service“, in der diese speziellen Betriebe zusammengefasst sind. Kontakt: ZKF, Grüner Weg 12, D-61169 Friedberg, Tel.: 06031/79479-0, E-Mail: info@zkf.de, www.zkf.de.

Wer einen Gebrauchtanhänger kaufen will und dabei Zweifel hinsichtlich der Beurteilung des vorschriftsmäßigen Fahrzeugzustandes hat, dem sei empfohlen, eine Hauptuntersuchung des Anhängers nach § 29 StVZO bei einer TÜV-Prüfstelle vom Verkäufer zu fordern, auch wenn die Plakette noch nicht abgelaufen ist. Hilfreich ist auch, wenn bei Wohnwagen eine gültige Gasprüfbescheinigung samt entsprechender Plakette auf dem Wohnwagen vorgewiesen werden kann.

Zum guten Gebrauchtkauf eines Anhängers bedarf es neben der Beurteilung des technischen Zustandes der richtigen Einschätzung des angemessenen Preises. Für in größerer Serie gefertigte Anhänger bekannter Hersteller gibt es ähnliche Gebrauchtfahrzeug-Preislisten, wie sie im Kraftfahrzeugbereich bekannt sind, z. B. [2]. Klassifiziert werden die Gebrauchtanhängerpreise in diesen Listen nach dem Alter der Fahrzeuge in Jahren. Zur groben Orientierung kann man nach [1] mit den in Tabelle 1 aufgelisteten Zeitwerten rechnen (für Anhänger in Ausführung Aluminium und verzinkt sind abhängig vom Alter höhere Werte anzuset-

***Tabelle 1:*** Zeitwerte von Pkw-Anhängern

| Alter in Jahren | Pkw-Nutzlastanhänger (Zeitwert in % vom Neupreis) | Wohnanhänger (Zeitwert in % vom Neupreis) |
|---|---|---|
| 1 | 70 | 71 |
| 2 | 55 | 62 |
| 3 | 44 | 54 |
| 4 | 35 | 48 |
| 5 | 27 | 42 |
| 6 | 21 | 36 |
| 7 | 18 | 31 |
| 8 | 14 | 27 |
| 9 | 12 | 23 |
| 10 | 10 | 20 |

zen). Je nach Erhaltungszustand sind diese Werte mit Korrekturfaktoren zu versehen.

Für ältere Anhänger, Spezialanhänger und Selbstbauanhänger können keine allgemeingültigen Zahlen genannt werden. Ratsam ist es, auch in diesem Gebrauchtfahrzeugbereich Vergleiche anzustellen, z. B. durch das Studium der Kleinanzeigen in den einschlägigen Rubriken der Tageszeitungen, soweit dort Art, Baugröße und Preis der Fahrzeuge angegeben sind.

Stichwortartig stellen sich alle Bewertungsgrößen, die beim Gebrauchtanhängerkauf berücksichtigt werden können, so dar:

- Fahrzeugalter (Betriebsjahre)
- Typenüberalterung und Konstruktionsverbesserungen
- Erhaltungszustand
- Vorbesitzer (Zahl)
- Werterhöhende Reparaturen

### 1.3.4 Selbstbau

Ein Weg zum eigenen Anhänger führt über den Selbstbau. TÜV-Sachverständige schätzen, dass fast jeder zweite kleine Pkw-Anhänger, der zur Erstprüfung (entsprechend § 21 StVZO) an ihren Prüfstellen vorgeführt wird, selbst gebaut oder zusammengebaut wurde. Häufig fragen Interessenten für den Selbstbau eines Anhängers, welche Voraussetzungen erfüllt sein müssen bzw. was beachtet werden muss, wenn ein derartiges Do-it-yourself-Projekt geplant ist. Solche Fragen lassen sich nur richtig beantworten, wenn man weiß, was selbst gebaut werden soll bzw. inwieweit Fertigteile verarbeitet werden sollen.

#### Anspruchsniveau

Die Möglichkeiten eines Selbstbaus lassen sich etwa in folgende Stufen mit steigendem Schwierigkeitsgrad einteilen:

a) Kauf des Komplettbausatzes eines Anhängers mit ausführlicher Montageanleitung und eventuellem TÜV-Mustergutachten. Derartige Bausätze werden bisweilen von Kauf- und Versandhäusern z. B. für kleinere Nutzlastanhänger angeboten.
b) Kauf eines kompletten Fahrgestells. Selbst wird nur der Aufbau erstellt.
c) Kauf wichtiger Fahrzeugteile, insbesondere bauartgenehmigungspflichtiger Teile wie z. B. Zugvorrichtung und Auflaufbremsanlage. Selbst wird das Fahrgestell montiert und der Aufbau erstellt.

d) Weitgehender Selbstbau des ganzen Fahrzeugs, der auch bauartgenehmigungspflichtige Teile wie z. B. Zugdeichseln und Bremsanlagenkomponenten mit einschließt.

Die zuletzt unter d) genannte Möglichkeit ist nicht empfehlenswert. Sie erfordert in aller Regel hinsichtlich der TÜV-Abnahme des Fahrzeugs außergewöhnlichen Aufwand und Kosten, die den üblichen Sinn und Zweck eines Selbstbaus infrage stellen. Dies gilt vor allem, wenn bauartgenehmigungspflichtige Teile im Einzelverfahren geprüft werden müssen. Ist so etwas z. B. bei der Fertigung eines Spezialanhängers als Einzelexemplar unumgänglich, sollte in jedem Fall schon im Planungsstadium Kontakt mit dem TÜV-Sachverständigen aufgenommen werden, der später die ausgeführte Konstruktion begutachten soll. Die rechtzeitige Beratung kann hier Kosten und Ärger ersparen.

Die unter a), b) und c) genannten Möglichkeiten sind unter den jeweiligen beim Selbstbau gegebenen Voraussetzungen empfehlenswert.

Die Möglichkeit a) ist besonders empfehlenswert, wenn der Prüfnachweis einer neutralen Stelle (z. B. GS-Gütezeichen, TÜV-Mustergutachten, EG-Teilbetriebserlaubnis und dergleichen) vorliegt. Eine solche Montage des Anhängers „aus dem Baukasten“ erfordert im Wesentlichen nur Schraubarbeiten nach Anleitung, die mit dem üblichen Werkzeug eines Heimwerkers zu bewältigen sind.

Bei den Möglichkeiten b) und c) sollte der Anhängerselbstbauer schon ein Grundwissen bezüglich der Bau- und Zulassungsvorschriften besitzen, über das entsprechend handwerkliche Geschick verfügen und mit ausreichendem Werkzeug ausgestattet sein. Auch eine Garage oder ein sonstiger überdachter Platz, der zeitweise für Werkstattaktivitäten umfunktioniert werden kann, sollte vorhanden sein.

## Empfehlung

Gerade aus der Sicht des TÜV-Sachverständigen ist es ratsam, als Basis für den Anhängerselbstbau ein fertiges Fahrgestell von einem bekannten Hersteller zu verwenden (Bild 7). Einige „Problembereiche“ können dann erst gar nicht auftreten. Solche Problembereiche sind aus der Erfahrung der täglichen TÜV-Praxis zum Beispiel

- die Ausführung des Zugrohrs bzw. der Zugdeichsel (Bauartprüfung, die Bestimmung der zulässigen freien Deichsellänge usw.),
- die Achsaufhängung, Federungs- und Dämpfungseigenschaften der Achs-/Radaufhängung,
- die Zuordnung der Radbremse zur Auflaufvorrichtung (Zuordnungsberechnung),

- die Verbindung Zugdeichsel – Achse,
- die Anbringung der Zugkugelkupplung,
- die Wahl der Felgen und Reifen,
- die Verbindung Fahrgestell – Aufbau,
- zu erwartendes Fahrverhalten.

***Bild 7:*** Das industriell gefertigte Komplettfahrgestell ist die beste Basis für einen Anhängerselbstbau.

Wählt der Anhängerselbstbauer die Möglichkeit c), fügt er also selbst die verschiedenen Fahrgestellkomponenten zusammen, so sind einige Dinge zu beachten, um die vorstehend angedeuteten Probleme richtig zu lösen. Ein grundsätzlicher Rat: Sicherheitsrelevante und bauartgenehmigungspflichtige Teile (amtliches Prüfzeichen) nur in bewährten Ausführungen und entsprechend den Anweisungen der Teilehersteller verwenden. Bauartgenehmigungspflichtige Teile dürfen nicht verändert werden (z. B. dürfen keine nachträglichen Schweißungen an einem bauartgeprüften Zugrohr vorgenommen werden).

## Autoverwerter

Nicht selten verwenden Selbstbauer ungebremster Anhänger ausrangierte Pkw-Achsen vom Autofriedhof. Die Praxis zeigt immer wieder, welche konstruktiven und fertigungstechnischen Schwierigkeiten sich für die fachgerechte Verbindung solcher Aggregate mit der Zugdeichsel und dem Aufbau ergeben. In der Regel sind solche Pkw-Achsen auch zu schwer und haben nicht das anhängergerechte Fahrverhalten (hoher Schwerpunkt, ungeeignetes Leer-/Last-Verhältnis). Für Anhänger mit eigener Bremsanlage kommen sie ohnehin nicht in Frage, weil sich weder zum hydraulischen noch zum mechanischen Teil der Radbremsen der Pkw-Achse eine entsprechende Auflaufvorrichtung zuordnen lässt. Bei gebremsten Anhängern sollte die gesamte Auflaufbremsanlage nur in fertiger, bauartgenehmigter Ausführung mit der entsprechenden Zuordnungsberechnung Verwendung finden. Zu beachten ist auch, dass zu dieser Bremsanlage die richtige Reifen- und Radgröße gehört.

Ratsamer – und in der Praxis recht verbreitet – ist die Verwertung ausgedienter Wohnwagen, deren Aufbauten ihre besten Tage schon hinter sich haben. Der marode Aufbau wird entfernt und je nach angestrebtem Verwendungszweck und handwerklichem Geschick dienen nur Achse und Zugeinrichtung bzw. Auflaufvorrichtung samt Bremse (Schwierigkeitsgrad c) oder der gesamte Rahmen mit Fahrgestell (Schwierigkeitsgrad b) als Basis für einen Eigenbau. Zulassungstechnisch gesehen ist letztere Variante die unkritischere, da hier ein bestehender Anhänger lediglich umgebaut wird und die bei der erstmaligen Zulassung des ursprünglichen Anhängers geltenden Vorschriften weiter Anwendung finden. Werden nur Achse, Bremse usw. ohne den Rahmen verwertet, handelt es sich um einen Neubau unter Verwendung gebrauchter Teile. Damit finden die aktuellen Zulassungsbestimmungen Anwendung – und nicht alle alten Achsen, Bremsen, Auflaufvorrichtungen genügen den heutigen Bestimmungen. Daher sollte man sich in diesen Fällen genau informieren, am besten bei dem Sachverständigen, der später auch den neu gebauten Anhänger begutachten und die für die Zulassung erforderlichen Unterlagen erstellen soll.

Im Übrigen seien die Anhängerselbstbauer, die besonders ehrgeizige Selbstbaupläne realisieren wollen, bezüglich Einzelheiten auf die jeweiligen Ausführungen im folgenden Kapitel 2 (Entwurf und Bau) verwiesen. Noch eine Anmerkung zu der manchmal gestellten Frage: „Für wen lohnt sich der Selbstbau?“ Wer über Zeit und eine gut eingerichtete Hobbywerkstatt verfügt, für den kann der Selbstbau eine attraktive Sache sein, besonders dann, wenn es sich um die Erstellung eines Spezialanhängers handelt, der als Einzelstück mit hohem Zeitaufwand und damit hohen Kosten verbunden wäre, wenn er bei einem professionellen Fahrzeugbauer in Auftrag gegeben würde. Wer sich jedoch erst noch Bohrmaschine und Schweißgerät zulegen muss, um dann z. B. einen kleinen Gepäckanhänger damit zu basteln, der für ein paar hundert Euro schon neu zu kaufen ist, für den dürfte der Selbstbau üblicherweise nicht lohnend sein.

# 2 Entwurf und Bau

## 2.1 Gesamtentwurf

### 2.1.1 Größen- und Gewichtsverhältnisse

Ausgangsgrößen bei der Planung eines Transportanhängers sind die Nutzlast, die befördert werden soll, und der erforderliche Laderaum. Die Nutzlast ist maßgebend für die Festlegung des zulässigen Gesamtgewichtes, das schließlich die Auswahl und Dimensionierung wichtiger Kenngrößen wie zulässige Achslast und Stützlast und wesentlicher Fahrzeugteile wie Rahmen, Zugvorrichtung, Achse und Räder bestimmt. Um bei vorgegebener Nutzlast die richtige Annahme für das notwendige zulässige Gesamtgewicht zu treffen, bedarf es der richtigen Einschätzung des Leergewichtes des geplanten Anhängers.

Der noch unerfahrene Selbstbauer wird sich aufgrund eines Studiums vorhandener Anhängerkonstruktionen ein erstes Bild vom Zusammenhang zwischen zulässigem Gesamtgewicht und Leergewicht machen. Für moderne übliche Nutzlastanhänger (offene Kastenwagen) wird er dabei z. B. die in Tabelle 2 aufgeführten kg-Angaben finden.

***Tabelle 2:*** Zusammenhang zwischen zulässigem Gesamtgewicht und Leergewicht

| Zulässiges Gesamtgewicht (in kg) | Leergewicht (in kg) |
|---|---|
| 400 | 80–150 |
| 600 | 120–200 |
| 750 | 160–230 |
| 1.000 | 250–290 |
| 1.200 | 260–300 |
| 1.500 | 330–400 (Tandemachse) |
| 2.000 | 390–600 (Tandemachse) |

Die Zahlenbereiche erklären sich zum einen durch unterschiedliche Ausstattung und Aufbaugrößen der Fahrzeuge (z. B. mit oder ohne Bremse, Reserverad usw.) und zum anderen durch unterschiedliche Werkstoffwahl (Aluminium, Stahl, Kunststoff, Holz) sowie unterschiedliche Konstruktionsprinzipien (z. B. Rahmenbauweise oder selbsttragende Aufbau-Fahrwerkseinheit). Besonders die niedrigen Werte spiegeln dabei die gekonnten Fertigungstechnologien der Großserienhersteller wider. Der Selbstbauer wird solche Werte in der Regel nicht realisieren können. Selbst die vorstehend angegebenen höheren Werte für das Leergewicht sollte der Hobbyanhängerbauer noch mit einem deutlichen Zuschlag versehen, wenn er mit seiner geplanten Konstruktion auf der „sicheren Seite“ sein will. Der Selbstbauer kann die Werte industriell gefertigter Anhänger schon deshalb nicht erreichen, weil seine Konstruktion üblicherweise nicht exakt berechnet und im Versuch erprobt wird. Er muss deshalb relativ große Sicherheiten z. B. durch Überdimensionieren einkalkulieren, die natürlich Gewicht kosten.

Eine wichtige Überlegung bei der Gesamtkonzeption eines Pkw-Anhängers gilt der Bestimmung des „Schwerpunkt-Vormaßes“. Damit sich für den fertigen Anhänger die vorgeschriebene Mindeststützlast am Kuppelpunkt von 4 % der jeweiligen Anhängelast einstellt, muss die Achse so unter dem Aufbau angebracht werden, dass der Schwerpunkt bzw. Lastangriffspunkt um ein gewisses Maß (b) vor dem Radaufstandspunkt liegt. Bei einem Anhänger mit Kastenaufbau liegt der Lastschwerpunkt oder Lastangriffspunkt in der Mitte des Kastens; der Radaufstandspunkt ist der Berührungspunkt des Reifens auf der Fahrbahn und nicht das Tragrohr der Drehstab- oder Gummifederachse. In der Theorie lässt sich dieses Schwerpunkt-Vormaß bei Vernachlässigung des Gewichts der Zugeinrichtung über eine Momentengleichung – wie im Bild 8 gezeigt – für einen normalen Lastanhänger mit Kastenaufbau relativ leicht ermitteln. Die Erfahrung zeigt, dass dieses Schwerpunkt-Vormaß für einen konventionell gebauten Lastanhänger (Anhänger offener Kasten) zwischen

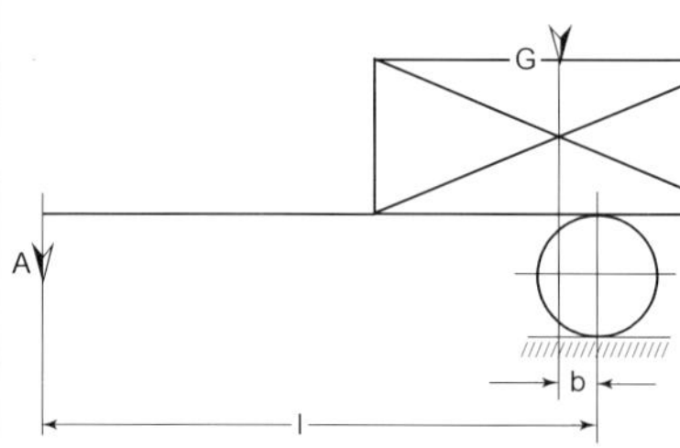


Beispiel:
Ein Einachsanhänger für 1.000 kg Ges.-Gewicht soll die Stützlast von 50 kg erhalten. (Deichsellänge l = 1.800 mm)
Gesucht: Maß b

$$b = \frac{A \cdot l}{G} = \frac{50\text{ kg} \cdot 1.800\text{ mm}}{1.000\text{ kg}} = 90\text{ mm}$$

***Bild 8:*** Beispiel zur Berechnung des Schwerpunkt-Vormaßes

50 und 100 mm liegt. In der Praxis kann jedoch – je nach Aufbauart und Ladegut – die rechnerische Ermittlung des Schwerpunkt-Vormaßes recht schwierig oder sogar unmöglich werden, sodass sich unter Umständen die experimentelle Ermittlung unter Zuhilfenahme einer Deichselwaage, wie sie z. B. von Wohnwagenbesitzern zur Stützlastbestimmung beim Beladen ihrer Urlaubsgefährte benutzt wird, vor der endgültigen Befestigung der Achse empfiehlt. Nicht ohne Grund werden bei Bootsanhängern die Achsen oder Fahrschemel und die Bootsauflagen verstellbar konzipiert. So kann bei dieser Fahrzeugart nach dem Aufsetzen des Bootes die richtige, für sichere Fahreigenschaften im Anhängerbetrieb äußerst wichtige Stützlast eingestellt werden.

Bei der Planung der Anhängerabmessungen ist zunächst wieder an die Gewichtsverhältnisse zu denken. Größere Abmessungen, insbesondere solche, die mit einer breiteren Spur und größeren Deichsellängen verbunden sind, bedeuten mehr Gewicht.

Die nach der Straßenverkehrs-Zulassungs-Ordnung zulässigen Grenzmaße von 12,0 m für die Länge, 2,55 m für die Breite und 4,0 m für die Höhe stellen in der Regel für Pkw-Anhänger kein Thema dar. Es wäre allenfalls denkbar, dass die Länge des Transportanhängers für ein Hochleistungs-Segelflugzeug im Extremfall das Grenzmaß von 12,0 m überschreitet. Die Breite von 2,55 m wird im Ausnahmefall von großen Wohnanhängern oder Fahrzeugtransportanhängern erreicht.

Für die Anhängerhöhe sollte jedoch im Hinblick auf sichere Fahreigenschaften, Seitenwindempfindlichkeit und Sicherheit gegen Kippen der Erfahrungsgrundsatz berücksichtigt werden, dass die maximale Höhe über der Fahrbahn nicht mehr als das 1,7-Fache der Spurweite beträgt. Die Spurweite ist der Abstand der Mittelpunkte der Reifenaufstandsflächen einer Achse.

### 2.1.2 Anhänger mit oder ohne Bremsanlage

Beim Gesamtentwurf eines Anhängers ist die Beantwortung der Frage, ob eine Bremsanlage eingebaut werden soll, ein wesentlicher Punkt. Ein gebremster Anhänger kostet einige hundert Euro mehr, verlangt etwas mehr Wartungsaufwand und engt den Spielraum bei der Auswahl der Räder ein. Außerdem erhöht sich geringfügig das Leergewicht (bei einem 750-kg-Anhänger um ca. 20 kg). Dennoch ist es empfehlenswert, grundsätzlich gebremste Anhänger zu konzipieren, weil die zulässigen Anhängelasten für Pkw bei gebremsten Anhängern durchweg erheblich höher liegen als bei ungebremsten (die zulässigen Anhängelasten sind im alten Fahrzeugbrief und -schein des Pkw unter den Ziffern 28 und 29 angegeben bzw. in den der neuen Zulassungsbescheinigung Teil I unter Feld O.1 und O.2). Nach § 41 Abs. 11 StVZO ist an einachsigen Anhängern keine eigene Bremse erforderlich, wenn der Zug die für das ziehende Fahrzeug vorgeschriebene Bremsverzögerung erreicht und die Achslast des Anhängers die Hälfte des Leergewichts des ziehenden Fahrzeugs, jedoch höchstens 3 t, nicht übersteigt. Die EG-Richtlinie 71/320/EWG, die 1971 erstmals verabschiedet und im Laufe der Zeit in Form von Ergänzungsrichtlinien weiterentwickelt wurde, sieht ungebremste Anhänger nur bis zu einer zulässigen Gesamtmasse des Anhängers von 750 kg vor. Der § 42 StVZO präzisiert für Anhänger hinter Pkw: „Werden einachsige Anhänger ohne ausreichende eigene Bremse mitgeführt, so darf die Anhängelast höchstens die Hälfte des um 75 kg erhöhten Leergewichts des ziehenden Fahrzeugs, aber nicht mehr als 750 kg betragen.“ Das bedeutet, dass kleinere Pkw kaum über 400 kg schwere ungebremste Anhängelasten ziehen dürfen. Bei den gebremsten Anhängelasten dagegen nutzen die Pkw-Hersteller nicht selten das vom Gesetzgeber maximal zugelassene Gewichtsverhältnis Zugfahrzeug zu Anhänger von 1:1 aus, d. h. dass die gebremsten Anhängelasten in der Größenordnung häufig doppelt so hoch liegen wie die ungebremsten. Der Anhängerselbstbauer sollte also zumindest dann der Versuchung, einen möglichst einfachen Anhänger ohne Bremse zu bauen, widerstehen, wenn er größere Nutzlasten transportieren will bzw. nur einen kleinen Zugwagen besitzt.

Die Entscheidung für eine Auflaufbremsanlage im Anhänger beeinflusst vor allem die Wahl der Achse mit den Radbremsen, die Größe der Räder und die Ausführung der Zugdeichsel (Näheres siehe Kapitel 2.2.5 „Bremsen“).

## 2.2 Fahrgestell

### 2.2.1 Rahmen

Moderne industriell gefertigte Anhängerkonstruktionen erreichen häufig ihre gewünschte Festigkeit erst, wenn Aufbau und Fahrwerk miteinander verbunden sind, d. h. die beiden bilden eine Einheit, in etwa vergleichbar mit der selbsttragenden Karosserie im Personenwagenbau. So werden beispielsweise im Wohnwagenbau Leichtbaufahrgestelle verwendet, deren Rahmen im Wesentlichen aus verlängerten V-Deichseln bestehen (Bild 9). Ähnlich konstruiert man heute auch einfache Nutzlastanhänger, deren offene Kästen mit der V-Deichsel verschraubt werden. Solche Kon-

***Bild 9:*** Wohnwagen-Leichtbau-Chassis

struktionen in Leichtbauweise müssen allerdings sorgfältig berechnet und in ausgiebigen Prototypversuchen getestet werden [3].

Der Selbstbauer sollte bei seiner Konstruktion zunächst prinzipiell gedanklich Fahrgestell und Aufbau voneinander trennen, d. h. er sollte das Fahrgestell als selbstständige stabile Einheit betrachten, was natürlich nicht ausschließt, dass der später montierte Aufbau dem Ganzen zusätzliche Festigkeit verleiht.

Die einfachste Form eines Anhängerfahrgestells ist das sogenannte T-Fahrgestell (Bild 10). Es entsteht durch die Verbindung einer Achskon-

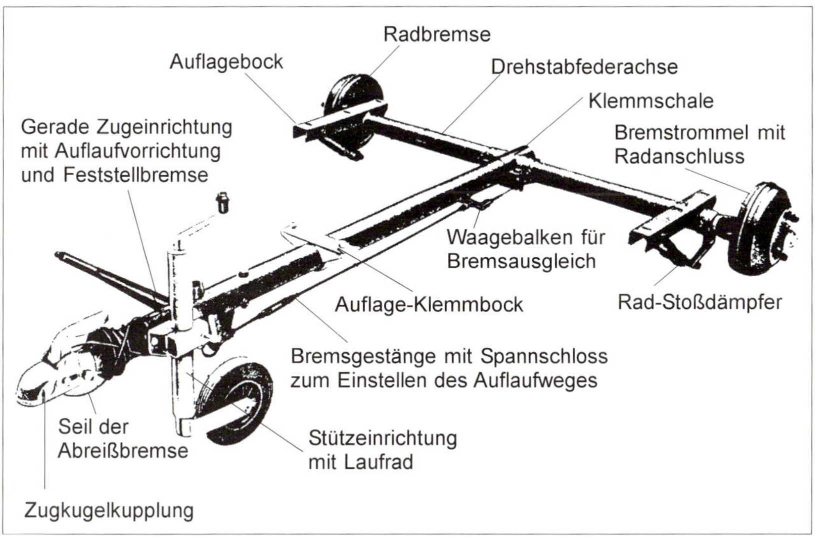


***Bild 10:*** T-Fahrgestell mit Drehstabsfederung und gerader Zugeinrichtung

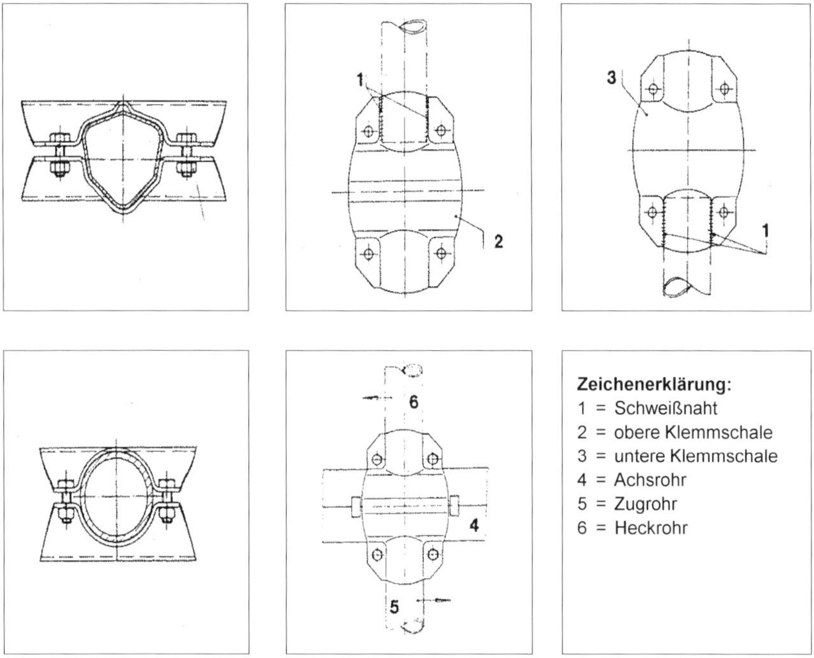


***Bild 11:*** Klemmschalenverbindung Zugrohr – Achse

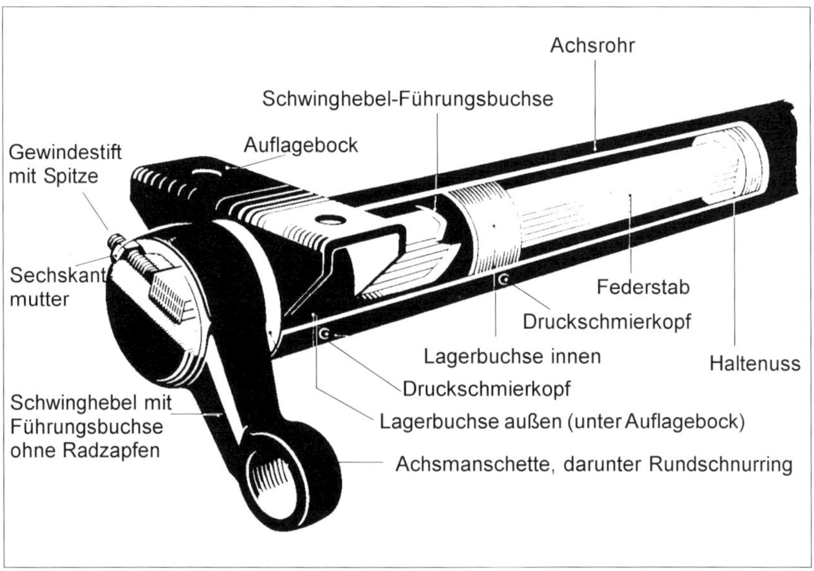


***Bild 12:*** Drehstabfederachse mit Schwinghebel

struktion, die auf einem quer zur Fahrtrichtung liegenden Achsrohr basiert, mit einem geraden oder gekröpften Zugrohr. Die Verbindung wird dabei üblicherweise durch Klemmschalen hergestellt (Bild 11). Achskonstruktionen mit Achsrohr haben normalerweise an Kurbel- und Schwinghebeln aufgehängte Räder und sind bekannt als Gummifeder- oder Drehstabfederachsen (Bild 12). Zugrohr und Achsrohr sind meist mit angeschweißten Auflageböcken zur Aufnahme des Aufbaus versehen.

Ältere Radaufhängungen mit Starrachsen und Blattfedern (Bild 13) und moderne Einzelradaufhängungen mit an Schräg- oder Längslenkern geführten und durch Schraubenfedern abgefederten Rädern erfordern rechteckige Rahmenkonstruktionen, die mit Zugrohren oder besser mit V-Deichseln kombiniert werden.

***Bild 13:*** Rechteckrahmen mit an Blattfedern aufgehängter Starrachse

Ein besonderes Kapitel müsste den Schweißarbeiten an Rahmen- und Rad-/Achs-Aufhängungsteilen gewidmet werden. Das würde jedoch den Rahmen dieser Broschüre sprengen. Wer über keine Kenntnisse bezüglich richtiger Schweißkonstruktionen verfügt, sollte einschlägige Literatur, z. B. [4], studieren, sich von einem Fachmann beraten lassen oder am besten die Schweißarbeiten gleich von einem im Fahrzeugbau erfahrenen Fachmann ausführen lassen. Wie angebracht dieser Rat ist, zeigt die tägliche TÜV-Praxis, in der es leider immer wieder vorkommt, dass so gravierende Fehler wie z. B. rundum geschweißte Zug- oder

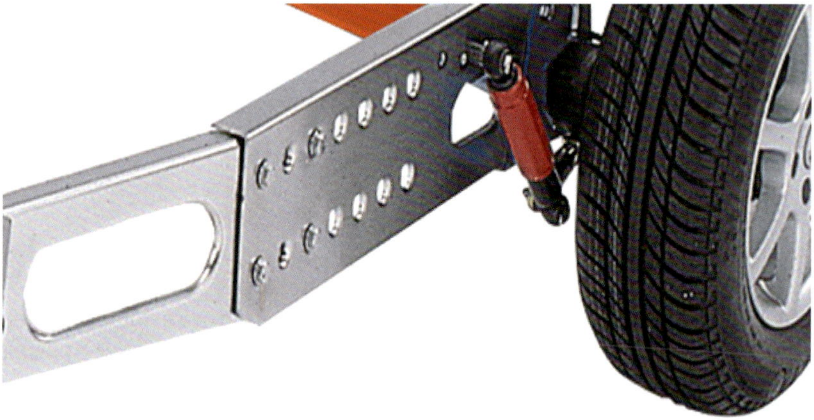

*Bild 14:* Moderne Schraubverbindungen an einem Anhängerrahmen

Achsrohre festgestellt werden müssen, die einen meist teuren und aufwendigen Austausch der betreffenden Teile erforderlich machen. Im Übrigen stellen fachgerechte Niet- oder Schraubverbindungen (Bild 14) häufig eine gute Alternative zu Schweißnähten dar, die nicht selten zu Rostansatz führen oder – besonders bei unsachgemäßer Ausführung – Ausgangspunkte für Risse und Dauerbrüche werden. So kommt es, dass selbst renommierte Großserienhersteller – wenn möglich – Schweißnähte durch Schraubverbindungen ersetzen.

### 2.2.2 Zugeinrichtung

Die Rahmenkonstruktion und die Art der Zugeinrichtung sind aufeinander abzustimmen. Unterschieden werden Zugeinrichtungen vor allem in Zugrohr und V-Deichsel-Konstruktionen. Zulassungsrechtlich von Bedeutung ist außerdem, ob die Zugeinrichtung als Rahmenteil oder als selbstständiges, bauartgenehmigungspflichtiges Fahrzeugteil betrachtet werden kann.

#### Zugrohre

Die einfachste Zugeinrichtung für ein T-Fahrgestell ohne Bremsanlage besteht aus einem geraden zylindrischen Rohr mit einem Außendurchmesser von 60 oder 70 mm. Gerade Zugrohre werden außer in zylindrischer Form mit unterschiedlichen Außendurchmessern und Wandstärken auch mit quadratischem Querschnitt in den Außenabmessungen 60 x 60 mm und 70 x 70 mm und ebenfalls unterschiedlichen Wandstärken angeboten, sodass sich für jede Gewichtsklasse und jede Stützweite das passende Zugrohr finden lässt.

Für niedrig gebaute Anhänger mit besonders kleinen Rädern müssen zur Anpassung an die Norm-Kupplungshöhe von 350 bis 420 mm nach DIN 74058 [5] gekröpfte Zugrohre oder eventuell in der Höhe verstellbare Zugeinrichtungen verwendet werden.

Die Auswahl der Zugdeichsel muss in erster Linie aufgrund des zulässigen Gesamtgewichtes des Anhängers und der erforderlichen freien Deichsellänge erfolgen (Bild 15), wobei zu beachten ist, ob der vordere Auflageblock auf die Deichsel aufgeklemmt oder aufgeschweißt werden soll. Im Normalfall sollte dem aufgeklemmten Auflagebock immer der Vorzug gegeben werden, da, wie z. B. aus der Tabelle für die freien Deichsellängen zu entnehmen ist [6], auch die vorschriftsmäßige Schweißung des Auflagebockes in der neutralen Zone das Rohr derart schwächt, dass sich die zulässige freie Länge erheblich verringert.

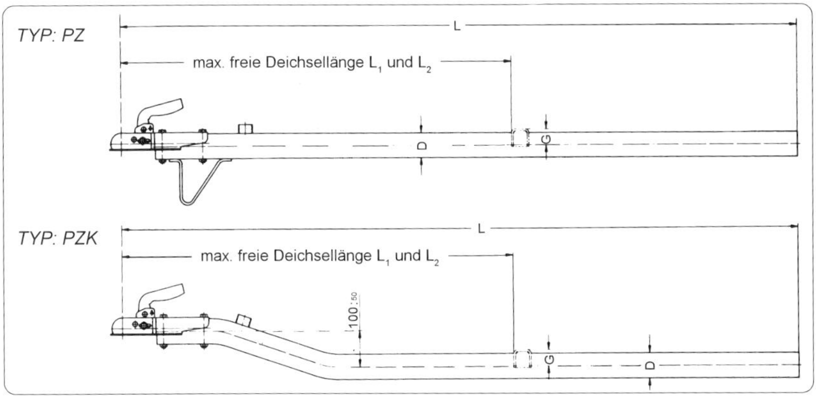


| Bestell-Nr. | Typ | Zul. Stützlast am Kuppelpunkt kg | Deichselprofil D mm | Standard-Länge L mm | G mm | Zul. Ges.-Gew. bei über 25 km/h kg | freie Deichsellänge bei gekl. Auflagebock $L_1$ mm | freie Deichsellänge bei geschw. Auflagebock $L_2$ mm | Eigengewicht ca. kg |
|---|---|---|---|---|---|---|---|---|---|
| **Gerade Zugdeichseln** | | | | | | | | | |
| 050.10.077.31.03 | PZ 5 | 75 | ∅ 60,3 x 3,6 | 2000 | 40 | bis 600 | 1400 | 1165 | 11 |
| 050.10.078.31.01 | PZ 8/I | 75 | ∅ 70 x 4 | 2000 | 45 | 700 | 2120 | 1765 | 15 |
| 050.10078.31.02 | | | | | | 800 | 1990 | 1660 | |
| 050.10.079.32.01 | | | | | | 900 | 2500 | 2085 | |
| 050.10.079.32.02 | PZ 12/I | 75 | ∅ 70 x 6,3 | 2000 | 45 | 1000 | 2250 | 1875 | 22 |
| 050.10.079.32.03 | | | | | | 1100 | 2045 | 1705 | |
| 050.10.079.32.04 | | | | | | 1200 | 1875 | 1560 | |
| **Gekröpfte Zugdeichseln** | | | | | | | | | |
| 050.10.080.31.01 | | | | | | 400 | 1250 | 950 | |
| 050.10.080.31.02 | PZK 5 | 75 | ∅ 60,3 x 3,6 | 2000 | 40 | 500 | 1125 | 810 | 12 |
| 050.10.080.31.03 | | | | | | 600 | 980 | 650 | |
| 050.10.081.31.01 | | | | | | 600 | 1940 | 1465 | |
| 050.10.081.31.02 | PZK 8 | 75 | ∅ 70 x 4 | 2000 | 45 | 700 | 1800 | 1325 | 17 |
| 050.10.081.31.03 | | | | | | 800 | 1550 | 1105 | |
| 050.10.082.32.01 | | | | | | 900 | 2240 | 1680 | |
| 050.10.082.32.02 | PZK 12 | 75 | ∅ 70 x 6,3 | 2000 | 45 | 1000 | 1915 | 1415 | 24 |
| 050.10.082.32.03 | | | | | | 1100 | 1645 | 1185 | |
| 050.10.082.32.04 | | | | | | 1200 | 1420 | 1000 | |

***Bild 15:*** Ausführungen von Zugrohren

Anhänger mit eigener Bremsanlage erfordern Zugeinrichtungen mit Auflaufvorrichtungen (siehe Kapitel 2.2.5 „Bremsen").

## V-Deichseln

Als verwindungssteife Zugeinrichtung vorwiegend für Anhänger der höheren Gewichtsklassen, insbesondere für solche mit hochliegendem Schwerpunkt wie z. B. Wohnanhänger, Verkaufsanhänger, Pferdetransportanhänger und Pkw-Transporter, werden heute häufig die sogenannten V-Deichseln oder Zuggabeln verwendet (Bild 16).

***Bild 16:*** Stabile V-Deichsel

***Bild 17:*** Höhenausgleich einer V-Deichsel

***Bild 18:*** Bridenbefestigung eines verschiebbaren Zentralrohres mit Sicherung gegen Ausziehen des Rohres

Die Verwendung von V-Deichseln in U- oder C-Profilausführung ermöglicht in Verbindung mit Chassisträgern aus gleichen Profilen ein verdrehsteifes Fahrwerk von hoher Stabilität bei geringem Gewicht und hoher Zulademöglichkeit. Eine Konstruktion zum Höhenausgleich an einer V-Deichsel bei einem Anhänger mit kleinen Rädern zeigt Bild 17.

## Verbindung zwischen Zugeinrichtung und Achse/Rahmen

Die Verbindung zwischen Zugeinrichtung und Achse erfolgt beim T-Fahrgestell über Klemmschalen, die für jedes Achsprofil erhältlich sind. Damit ist eine konstruktions- und beanspruchungsgerechte Verbindung bauartgenehmigter Zugrohre mit typisierten Drehstab- und Gummifederachsen herstellbar.

Bei V-Deichsel-Fahrwerken mit System-Rahmenlängsträgern wird insbesondere über die in die Profile eingeprägten Schertöpfe an den Verschraubungsstellen zwischen Deichselholmen und Chassisträgern und an den Achsbefestigungsflanschen hohe Stabilität und Verdrehsteifigkeit (Bild 14) erreicht. Die verwendeten Schrauben und Muttern müssen mindestens der Festigkeitsklasse 8.8 entsprechen. Zur Sicherung der Schraubverbindung müssen Federringe oder Federscheiben verwendet werden, wenn nicht Sicherungsmuttern nach DIN 267 Bl. 15 eingesetzt werden. An dieser Stelle muss besonders darauf hingewiesen werden, dass die Verbindungen zwischen Zugeinrichtung und Achse bzw. Anhängerrahmen in jedem Fall formschlüssig ausgeführt sein müssen. Ist in Sonderfällen, wie z. B. bei Bootsanhängern mit längsverstellbarem Zugrohr eine Bridenbefestigung erforderlich, muss eine besondere Sicherungseinrichtung gegen Ausziehen des Zugrohres vorgesehen werden (Bild 18).

## Bauartgenehmigungspflicht von Zugeinrichtungen

Nach § 22a Abs. 1 Ziff. 6 StVZO müssen Einrichtungen zur Verbindung von Fahrzeugen in amtlich genehmigter Bauart ausgeführt und mit entsprechendem Prüfzeichen versehen sein. Von dieser Forderung sind nach Buchstabe a) solche Einrichtungen ausgenommen, die aus technischen Gründen nicht selbstständig im Genehmigungsverfahren behandelt werden können. Das ist z. B. bei Deichseln an einachsigen Anhängern gegeben, wenn sie Teil des Rahmens und nicht verstellbar sind. Bild 19 zeigt einen solchen Fall, wo sich die Rahmenlängsholme aus Blechprofil nach vorn zur V-förmigen Deichsel verjüngen, in welche die Auflaufvorrichtung der Bremse eingebaut ist. Bei einer solchen Konstruktion wäre die „V-Deichsel" als Rahmenbestandteil also nicht bauartgenehmigungspflichtig. Das Bild 20 zeigt dagegen einen Fall, wo die Zugeinrichtung als selbstständiges Teil (abnehmbares Zugrohr) bauartgenehmigungspflichtig ist. Es gibt Grenzfälle, wo das Kriterium Bauartgenehmigungspflicht zurzeit noch umstritten ist.

Dem Selbstbauer sei jedoch in jedem Fall geraten, seine Konstruktion so auszulegen, dass die Zugeinrichtung ein separates Teil ist, und für dieses Teil dann eine bauartgenehmigte fertige Ausführung zu verwenden. Zugeinrichtungen sind primäre Sicherheitsteile, die vom TÜV-Sachverständigen kritisch geprüft und beurteilt werden müssen, wobei es aus sicherheitstechnischer Sicht grundsätzlich gleich ist, ob sie im speziellen Fall als formal bauartgenehmigungspflichtig eingestuft werden. Verwendet der Selbstbauer eine bauartgenehmigte Ausführung, die zum Fahrzeug passt, kann es bei der TÜV-Prüfung keine Schwierigkeiten geben. Genehmigungspflichtige Teile nach § 22a StVZO – wie z. B. die Zugeinrichtung – werden nach den Prüfbestimmungen der Fahrzeugteile-Verordnung bauartgeprüft und mit einem zugeteilten Prüfzeichen (Bild 21) versehen. Dieses Prüfzeichen besteht aus einer Wellenlinie von drei Perioden, dem Kennbuchstaben der Bauartprüfstelle (in der Regel F oder M) und der Prüfnummer (in der Regel eine drei- oder vierstellige Zahl).

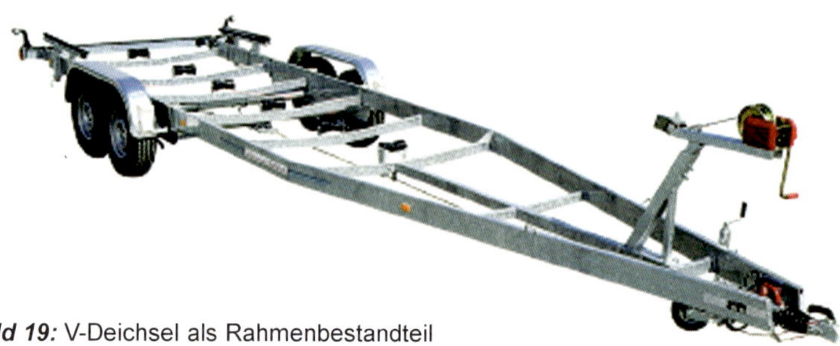

***Bild 19:*** V-Deichsel als Rahmenbestandteil

Zusätzlich zum eingeschlagenen Prüfzeichen müssen der Name des Teileherstellers und die zulässigen technischen Daten, nämlich das zulässige Gesamtgewicht für den Anhänger, an dem das Teil verwendet werden darf, und die maximal zulässige, statische Stützlast auf einem am Bauteil angebrachten Typenschild angegeben oder direkt in das Bauteil eingeprägt sein.

***Bild 20:*** Bauartgenehmigungspflichtige Zugeinrichtung (abnehmbares Zugrohr)

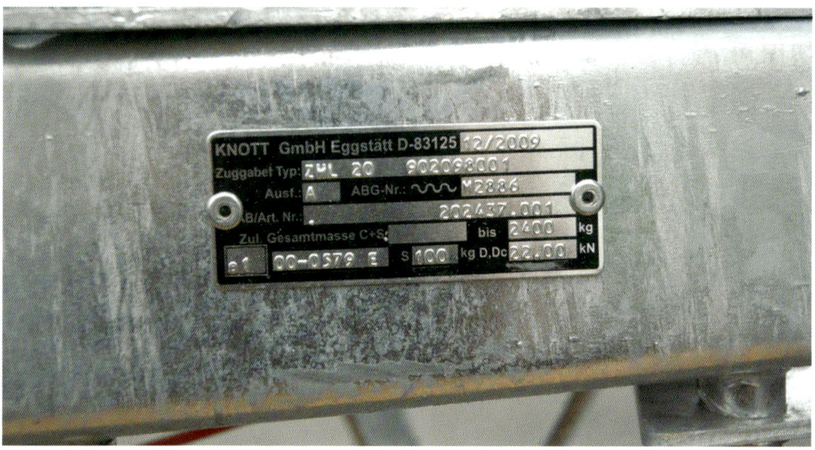


***Bild 21:*** Typenschild und Prüfzeichen für bauartgenehmigungspflichtige Zugeinrichtung

Alternativ zur deutschen Bauartgenehmigung gemäß § 22a StVZO kann die Zugeinrichtung auch nach europäischen Vorschriften geprüft sein und eine EG-Bauartgenehmigung nach der Richtlinie 94/20/EG aufweisen. In diesem Fall ist sie folgendermaßen gekennzeichnet: Hersteller, Typ, EWG-Genehmigungszeichen (z. B. e13*00*12345), die zugehörige Klasse von Verbindungseinrichtungen, D-Wert und maximale statische Stützlast. Der D-Wert gibt die mögliche Anhängelast nicht direkt an, sondern ist eine theoretische Vergleichskraft für die Deichselkraft zwischen Zugfahrzeug und Anhänger. Er berechnet sich wie folgt:

$$D = g \times \frac{T \times C}{T + C} \ (\text{kN})$$

Dabei ist:
- T = technisch zulässige Gesamtmasse des Zugfahrzeugs in Tonnen
- C = Summe der Achslasten des mit der zulässigen Masse beladenen (Zentralachs-)Anhängers in Tonnen
- g = Erdbeschleunigung (es werden 9,81 m/s² angenommen)

Abgesehen von dem anderen Genehmigungsverfahren und der dementsprechenden Kennzeichnung gilt das bereits unter § 22a StVZO zu den Zugeinrichtungen Gesagte.

## Auswahl der Zugkugelkupplung

Die Zugkugelkupplung (Bild 22) ist genauso wie die Zugdeichsel ein bauartgenehmigungspflichtiges Fahrzeugteil. Es muss also entweder ein Typenschild mit dem Prüfzeichen und den zugehörigen Daten angebracht sein oder Prüfzeichen und zugehörige Daten müssen direkt in das Bauteil eingeprägt sein.

Für die Auswahl der Zugkugelkupplung sind folgende Kriterien maßgebend:

1. Das zulässige Gesamtgewicht des Anhängers bzw. der erforderliche D-Wert; das auf der Zugkugelkupplung angegebene zulässige Gesamtgewicht bzw. der zulässige D-Wert muss mindestens gleich oder größer sein als das zulässige Gesamtgewicht des Anhängers bzw. als der D-Wert der Fahrzeugkombination, an dem bzw. der sie verwendet werden soll.
2. Die zulässige Stützlast am Kuppelpunkt des Anhängers; bezüglich der erforderlichen Daten gelten die Ausführungen wie unter 1.
3. Das Profil und die Abmessungen der Zugdeichsel; das Profil der Kugelkupplung muss formschlüssig auf das Profil der Deichsel passen.

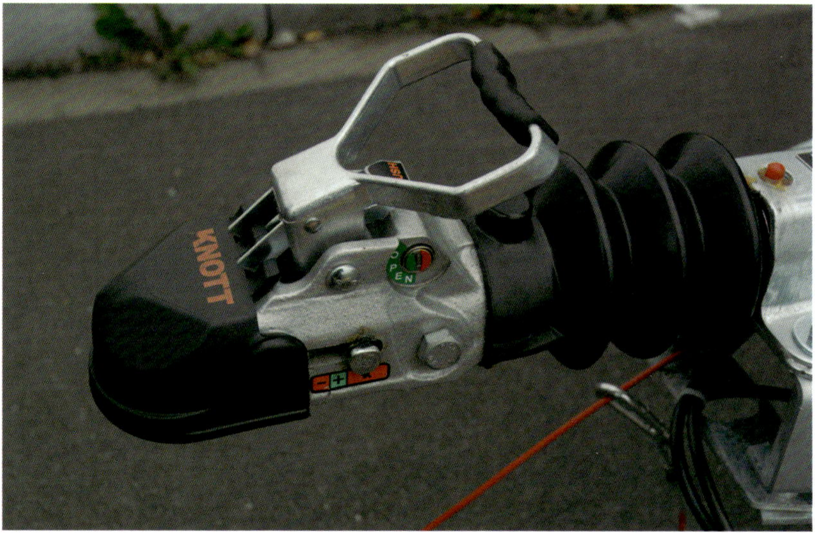


***Bild 22:*** Zugkugelkupplung

## Schraubverbindung Zugkugelkupplung – Zugdeichsel

Zur Schraubverbindung von Zugkugelkupplung und Zugdeichsel sind hochfeste Schrauben der Festigkeitsklasse von mindestens 8.8 und Sicherungsmuttern nach DIN 267 Bl. 15 der gleichen Festigkeitsklasse zu verwenden. Ins Innere der Zugrohre bzw. in die U- oder C-Profile der V-Deichseln sind Stützrohre einzusetzen, damit die Profilquerschnitte beim Anziehen der Schrauben nicht verformt werden und die Vorspannung der Schrauben auch unter Betriebsbeanspruchung stets erhalten bleibt und nicht aufgrund elastischer oder plastischer Verformung gelockert wird (Bild 23).

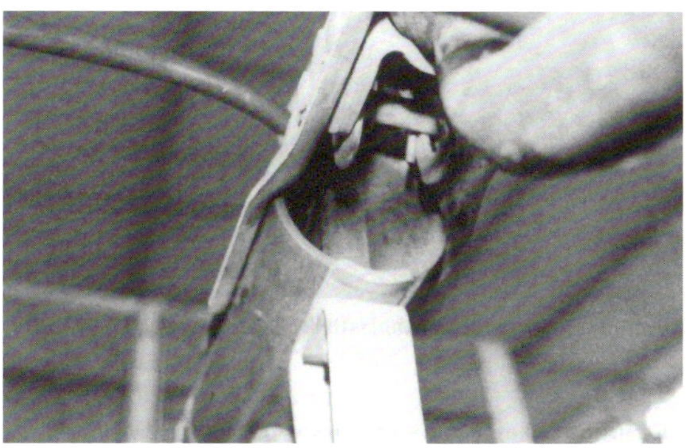

***Bild 23:*** Befestigung der Zugkugelkupplung mit Stützbuchsen im Zugrohr

## Kugelkupplung am Zugfahrzeug

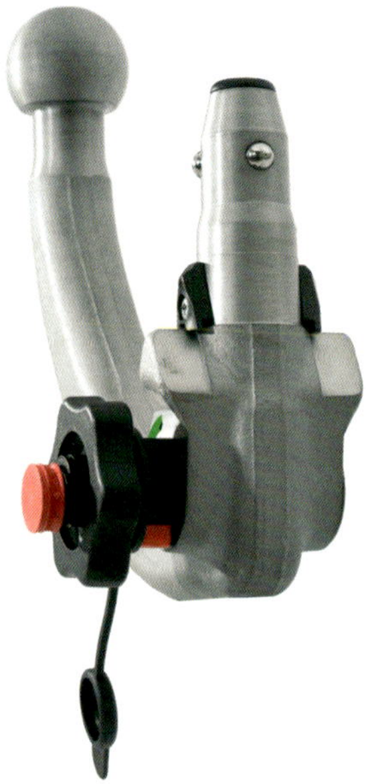

*Bild 24:* Abnehmbare Kugelkupplung

Die Kugelkupplungen für die Zugfahrzeuge sind nach DIN 74058 genormt (Abmessungen und Freiraummaße für die Anbringung). Es dürfen nur bauartgenehmigte Kupplungen verwendet werden. Der Einbau ist prüfpflichtig. Eine moderne Ausführungsform ist die abnehmbare Kugelkupplung (Bild 24).

### 2.2.3 Achsen

Für den einachsigen Pkw-Anhänger sind im Laufe der Jahre neben der blattgefederten Starrachse, die von einigen wenigen Anhängerherstellern auch heute noch verwendet wird, zahlreiche Achskonstruktionen mit teilweise sehr aufwendigen Einzelradaufhängungen und unterschiedlichsten Federungssystemen entwickelt worden (Bild 25).

*Bild 25:* Moderne Anhängerachskonstruktion mit Einzelradaufhängung

Jedoch haben sich als wohl bester Kompromiss zwischen einfachem Aufbau und guten Fahreigenschaften speziell für den einachsigen Pkw-Anhänger die Kurbel- oder Schwinghebelachsen, besser bekannt als Gummifeder- und Drehstabfederachsen, durchgesetzt. Beide Achskonstruktionen sind äußerlich kaum voneinander zu unterscheiden.

Im prinzipiellen Aufbau bestehen beide aus dem quer zur Fahrzeuglängsachse liegenden Achsrohr mit in der Regel zwei aufgeschweißten Auflageböcken zur Befestigung am Rahmen bzw. Aufbau und den im Achsrohr gelagerten und geführten Kurbelarmen, Längslenkern oder Schwinghebeln mit den am Ende angebrachten Achsstummeln (Bild 12).

Beide Achstypen können mittels sogenannter Klemmschalen problemlos mit einem geraden oder gekröpften Zugrohr verbunden werden und ermöglichen so auf einfache Art die Zusammenstellung eines T-Fahrgestells mit niedriger Bauhöhe und den guten Fahreigenschaften einer Einzelradaufhängung (Bild 10 und 11).

Der Unterschied der beiden Achstypen liegt in der unterschiedlichen Schwinghebellagerung und, wie die Benennung schon ausdrückt, in dem grundsätzlich anderen Federungssystem mit ebenso unterschiedlichem Federungs- und Dämpfungsverhalten.

## Gummifederachsen

Der Aufbau und die Wirkungsweise aller Gummi-(Drehschub-)Federachsen lässt sich am besten an dem nach seinem Erfinder benannten Neidhart-Gummmifederungssystem erklären. Hierbei sind je vier Gummistränge in die Hohlräume zwischen zwei über Eck ineinander geschobene Vierkantrohre eingepresst.

Bei der kompletten Achse dient das äußere Rohr als Achsrohr, und an den seitlich etwas herausstehenden Enden der zwei eingeschobenen Rohrstücke schwingen – unabhängig voneinander – die beiden Kurbelarme mit ihren Achsschenkeln. Die eingepressten Gummistränge dienen hierbei gleichzeitig als Federungselement und als Lagerungs- und Führungselement für die Längslenker (Bild 26).

Beim Einfedern eines Längslenkers wird das jeweilige mit ihm fest verbundene Innenrohr gegenüber dem Außenrohr verdreht, wobei sich die eingepressten Gummistränge elastisch verformen und eine progressive Federkraft aufbauen (Bild 27). Aufgrund der besonderen Drehschubbeanspruchung der Gummistränge liefern diese in der folgenden Entspannungsphase gleichzeitig eine gute Dämpfung des Systems. Diese Art von Gummifederung, die je nach Achshersteller konstruktiv unterschiedlich ausgebildet wird, ist völlig wartungsfrei und aufgrund der besonders günstig geformten Außen- und Innenrohre in der Beanspruchung der eingepressten Gummistränge praktisch auch verschleißfrei.

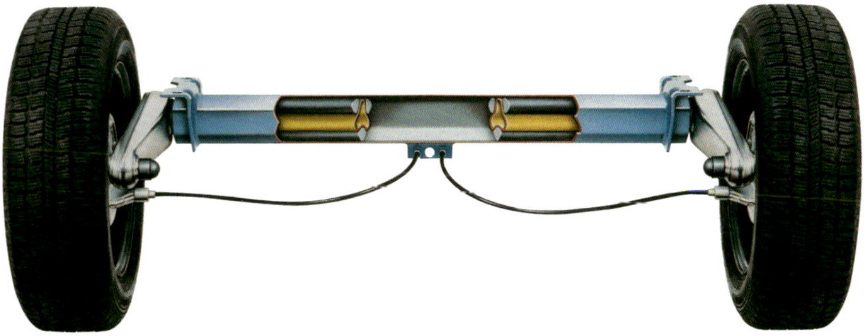

***Bild 26:*** Sechskant-Gummifederachse

***Bild 27:*** Funktionsweise einer Gummifederachse

Die Vorteile der Gummifederachsen liegen also in ihrem einfachen, robusten, wartungs- und nahezu verschleißfreien Aufbau und ihrem dabei noch ausgesprochen günstigen Federungs- und Dämpfungsverhalten. Die Federung spricht sehr weich und schonend an, verhärtet sich dann aber unter zunehmender Last und harten Fahrbahnstößen progressiv ansteigend, sodass auch ein Durchschlagen der Federung nahezu ausgeschlossen werden kann. Außerdem ergibt die Drehschubbeanspruchung der Gummistränge ein ausgezeichnetes Dämpfungsverhalten, sodass sich die Anbringung von Stoßdämpfern in der Regel erübrigt.

Aufgrund dieser günstigen Eigenschaften eignet sich die Gummifederachse besonders gut für Nutzlastanhänger der leichteren Gewichtsklassen mit geringem Eigengewicht und großer Zulademöglichkeit, weil sich das Federungssystem insbesondere wechselnden Belastungsverhältnissen ausgesprochen gut anpasst.

Weniger gut eignen sich Gummifederachsen für Anhänger mit konstant hoher Dauerlast, wie z. B. Wohn- und Verkaufsanhänger, weil Gummi unter gleichbleibend hoher Belastung ein gewisses Kriechverhalten, d. h. eine Art plastische Verformung zeigt, die auf Dauer zum Durchsinken der Schwingarme und zum teilweisen bis vollständigen Verlust der Federwirkung führen kann.

### Drehstabfederachsen

Das Federungselement der Drehstabfederachse ist der im Innern des Achsrohres liegende, in Achsmitte fest eingespannte Drehstab, auf dessen äußere Enden die Schwinghebel verdrehsicher aufgeschoben und fixiert sind. Die Schwinghebel sind im Achsrohr in Bronze- und Kunststoff-Gleitlagerbuchsen gelagert, die regelmäßig abgeschmiert werden müssen. Sie sind also im Gegensatz zur Gummifederung nicht ganz wartungsfrei (Bild 12).

Der Federstab ist in der Regel ein aus mehreren Federstahlblattlagen zusammengefügter, an den äußeren Enden zusammengeschweißter Vierkantstab, dessen Federkraft durch die Anzahl und die Stärke der zu einem Paket zusammengefügten Federblätter bestimmt wird. So verwendet z. B. ein bestimmter Achshersteller für seine Achsen mit einer Tragkraft von 600, 800 und 1.000 kg Federstäbe mit einheitlichem Vierkantaußenmaß von 30 mm, wobei der Stab für die 600-kg-Achse aus sechs, der Stab für die 800-kg-Achse aus vier und der Stab für die 1.000-kg-Achse aus drei Federstahl-Blattlagen zusammengefügt ist.

Die Federkennlinie des auf Verdrehung beanspruchten Federstabes ist im Gegensatz zur Gummifederachse linear, d. h. die Federkraft setzt zunehmender Belastung gleichbleibend ansteigenden Widerstand entgegen. Eine Eigendämpfung wie bei der Gummifederachse ist beim Drehstabfedersystem nicht vorhanden, sodass zur Erzielung besserer Fahreigenschaften der Anbau von Stoßdämpfern erforderlich wird.

Drehstabfederachsen sind vornehmlich für Einachsanhänger der gehobenen Gewichtsklassen, und insbesondere für solche mit geringem Leer-/

Last-Verhältnis bzw. völlig konstanter Last wie z. B. Verkaufsanhänger, Wohnanhänger usw. zu empfehlen.

## Lenkerachsen mit Schraubenfedern

***Bild 28:*** Lenkerachse mit Schraubenfedern und integrierten Stoßdämpfern

Moderne Pkw-Anhänger haben häufig eine Einzelradaufhängung an Schräglenkern oder Längslenkern, die durch Gummifedern oder Schraubenfedern abgefedert werden und die auch mit Stoßdämpfern versehen sind (Bild 28). Richtige Vorspureinstellung ist bei solchen Radaufhängungen für gutes Fahrverhalten wichtig. Der Selbstbauer sollte derartige Radaufhängungen nur wählen, wenn er ein Komplettfahrgestell verwendet.

## Tandemachse

Zwei Einzelachsen mit einem Achsabstand von weniger als 1,0 m bezeichnet man als Tandemachse. Diese Tandemachse wird im Rahmen der Straßenverkehrs-Zulassungs-Ordnung – z. B. auch im Fahrerlaubnisrecht – als eine Achse gewertet, obwohl sie aus zwei einzelnen Achsen gebildet wird.

Dies ist heutzutage nur noch für Besitzer der alten Fahrerlaubnisklasse 3 bedeutsam, die ihre Fahrerlaubnis noch nicht auf eine EG-Fahrerlaubnis haben umstellen lassen – oder etwas eingängiger: die noch keinen Kartenführerschein haben.

Aufgrund der oben genannten verkehrsrechtlichen Behandlung der Tandemachse ist es möglich, dass mit einer alten Fahrerlaubnis der Klasse 3 ein zweiachsiges Zugfahrzeug und ein Anhänger mit de facto ebenfalls zwei Achsen gefahren werden darf, obwohl nach dem früheren Wortlaut von § 5 Abs. 2 StVZO zum Führen von Zügen mit mehr als drei Achsen die Fahrerlaubnis der alten Klasse 2 erforderlich gewesen wäre. Für Inhaber einer Fahrerlaubnis nach EG-Recht – und natürlich auch für umgestellte Alt-Führerscheine der Klasse 3 – entfällt die Beschränkung auf Züge mit drei Achsen; der Anhänger darf theoretisch beliebig viele Achsen besitzen.

Tandemachsen, die auch als Aggregate mit vollständigem Achslastausgleich hergestellt werden, finden Verwendung bei schweren Anhängern, wenn die Tragkraft einer einzelnen Achse normalerweise nicht mehr ausreicht, oder aber auch bei Spezialanhängern, wie z. B. Pferdetransportanhängern, bei denen es neben hoher Tragkraft auch auf gutes Federungsverhalten ankommt. Ein Vorteil des Tandemachsaggregates liegt darin, dass sich die erforderliche Gesamttragkraft auf die beiden Einzelachsen verteilt, deren Federung in etwa nur für die Hälfte der Gesamtlast ausgelegt werden muss, sodass dann auch Fahrbahnstöße viel weicher abgefedert werden und das Transportgut geschont wird.

Bei einer konstruktiven Variante der Tandemachse werden die vorderen Räder an geschobenen Längs- oder Schräglenkern und die hinteren Räder an gezogenen Lenkern geführt (Bild 29). Dadurch wird dem Bremsnicken des Anhängers entgegengewirkt.

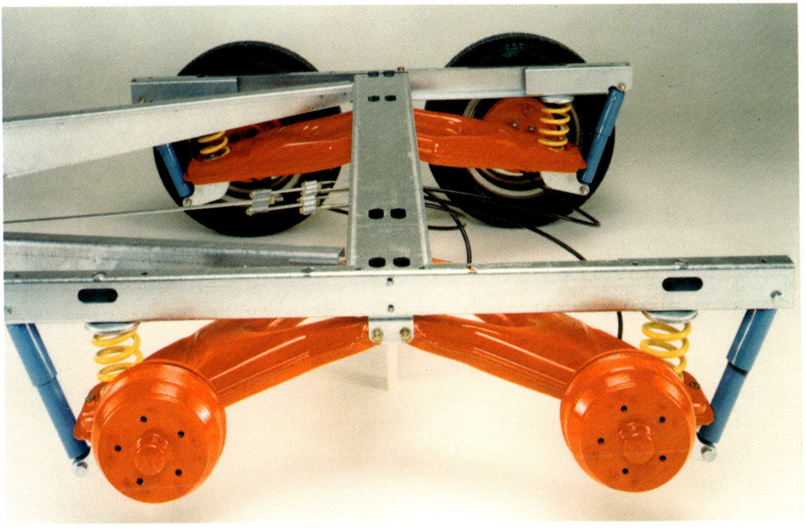

***Bild 29:*** Tandemachskonstruktion mit gezogenen und geschobenen Lenkern

Angemerkt sei noch, dass Pkw-Anhänger ohne Federung nicht zulässig sind.

### 2.2.4 Stützeinrichtung

Einachsige Anhänger müssen nach § 44 Abs. 2 StVZO mit einer in der Höhe einstellbaren Stützeinrichtung ausgerüstet werden, wenn die Stützlast am Kuppelpunkt bei gleichmäßiger Lastverteilung mehr als 50 kg beträgt bzw. betragen darf (Bild 30). Inhaltlich gleich ist der entsprechende Passus der EG-Richtlinie 94/20/EWG.

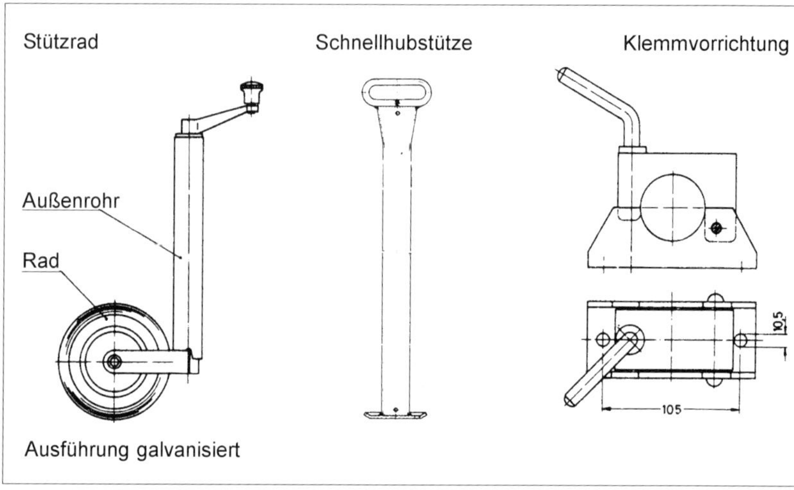


***Bild 30:*** Einstellbares Stützrad

Die Begründung für diese Forderung ist im letzten Satz von § 43 Abs. 4 StVZO enthalten, wonach die Herstellung einer betriebssicheren Verbindung – gemeint ist der Kuppelvorgang – leicht und gefahrlos möglich sein muss. Der Verordnungsgeber geht dabei davon aus, dass Stützlasten über 50 kg, die ja zum An- und Abkuppeln gehoben werden müssen, den Durchschnittsfahrzeughalter überfordern.

Hieraus wird auch die Forderung abgeleitet, dass einachsige Anhänger mit Tandemachse generell mit einer einstellbaren Stützeinrichtung ausgerüstet werden müssen, weil die zum Kuppeln erforderlichen Kräfte aufgrund der Achsanordnung praktisch immer zu groß werden, da sich ja das Gewicht des Anhängers beim Anheben der Deichsel nicht mehr auf beide Achsen gleichmäßig, sondern überwiegend auf der hinteren Achse abstützt.

Die vom ziehenden Fahrzeug aufzunehmende Mindeststützlast muss beim einachsigen Anhänger, der hinter Personenkraftwagen mitgeführt wird, mindestens 4 % der jeweiligen Anhängelast betragen, sie braucht jedoch nicht höher als 25 kg zu sein. Dabei darf weder die für die Anhängerkupplung und die Zugeinrichtung noch die vom Hersteller des ziehenden Fahrzeugs angegebene zulässige Stützlast überschritten werden (Bild 31).

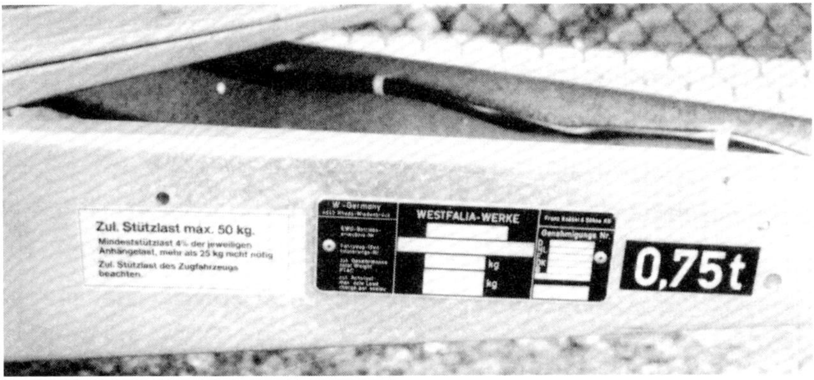


***Bild 31:*** Stützlast und Fabrikschild, zusätzliche Angabe des zulässigen Gesamtgewichtes ist nicht mehr erforderlich.

Auf die zu beachtenden Stützlasten muss an gut sichtbarer Stelle durch entsprechende Stützlastschilder hingewiesen werden, und zwar durch ein Schild am ziehenden Fahrzeug auf die dort höchstzulässige Stützlast sowie durch ein Schild vorn am Anhänger auf die Mindeststützlast und dessen höchstzulässige Stützlast.

## 2.2.5 Bremsen

Prinzipiell unterscheidet man bei Pkw-Anhängern zwischen Auflaufbremsen und vom Zugfahrzeug aus gesteuerten hydraulischen Bremsen. Letztere – unter dem Namen Hydrakup bekannt – haben sich jedoch nicht durchgesetzt. Ein Grund dafür dürfte in erster Linie in der Problematik der Ankupplung des hydraulischen Anhängersystems an die Hydraulik der Zugfahrzeugbremse liegen. So muss der Anhänger jeweils auf das Zugfahrzeug abgestimmt sein, eine generelle Freizügigkeit in der Zugzusammenstellung ist nicht gegeben. Außerdem ist bei den heutigen Zweikreisbremsen das nötige Flüssigkeitsvolumen für den Hydrakupzylinder nicht mehr vorhanden. Da die Hydrakupbremsen in der Praxis kaum noch zu finden sind, soll hier auf eine nähere Darstellung verzichtet werden. Der spezielle Interessent sei verwiesen auf die „Richtlinien über Bremsanlagen in Zügen mit durchgehender hydraulischer Kraftübertragung“ [7].

Nicht allzu verbreitet ist auch die Verwendung von Druckluft-Bremsanlagen, wie sie im Lkw-Bereich üblich sind. Diese erfordern am Zugwagen eine Druckluft-Beschaffungsanlage und drucklufthydraulische Steuerelemente, damit der druckluftgebremste Anhänger in seinem Bremsverhalten dem Zugwagen entspricht und das Gespann während des Bremsvorgangs nicht durch übermäßige und zu schwache Ansteuerung der Anhängerbremse instabil wird – besonders auf nasser oder rutschiger Straße. Eine solche Druckluft-Beschaffungsanlage ist natürlich nicht ganz billig, der technische Aufwand hoch. Ein druckluftgebremster Anhänger ist vorgeschrieben, sobald seine zulässige Gesamtmasse 3.500 kg übersteigt. Derartig schwere Anhänger können in der Praxis bestenfalls von einigen schweren Geländewagen gezogen werden. Einen weiteren Fall stellen alle Drehschemelanhänger dar, die nach dem 1.11.2014 erstmals in Verkehr gebracht wurden. Mehr zu dieser Art von Anhängern können Sie Kapitel 2.3.7 entnehmen.

### Allgemeines zur Auflaufbremse

Die übliche Bremse für Pkw-Anhänger ist die sogenannte Auflaufbremse. Bei der Auflaufbremsanlage wird die Wirkung ausschließlich durch die Auflaufkraft des Anhängers beim Bremsen erzeugt. Der auflaufende Anhänger übt eine Deichselkraft (Schubkraft) auf den Zugwagen aus. Die Zugeinrichtung überträgt die Gegenkraft auf die Bremsanlage des Anhängers. Charakteristisch für eine Auflaufbremse ist somit:

- Sie wirkt nur, wenn der Zugwagen abgebremst wird.
- Sie bremst nur so stark, wie es durch den Zugwagen gefordert wird.
- Sie stellt eine vom Gewicht des Anhängers abhängige Bremse dar, sie ist also lastabhängig.
- Sie kann keine Voreilung haben.
- Sie kann nicht nur als Betriebsbremse, sondern auch als Feststellbremse und Abreißbremse wirken.
- In Steigungen kann sie nicht vom Zugwagen aus betätigt werden.

Dass sich die Auflaufbremse beim Pkw-Anhänger so eindeutig durchgesetzt hat, dürfte auf zwei Vorteile zurückzuführen sein:

a) Bei relativ einfachem, robustem und wartungsarmen Aufbau gewährleistet die Auflaufbremse eine völlig selbsttätige Bremskraftregelung in Abhängigkeit von der Abbremsung des Zugfahrzeugs und dem jeweiligen Gewicht des Anhängers.
b) Das Auflaufbremssystem funktioniert völlig unabhängig von der Bremsanlage des Zugfahrzeugs, sodass ein damit ausgerüsteter Anhänger hinter jedem Zugfahrzeug mitgeführt werden kann, ohne dass an diesem irgendwelche Veränderungen vorgenommen werden müssen.

### Zuordnung von Auflaufeinrichtung und Radbremsen

Auflaufbremsen bestehen aus einer Auflaufeinrichtung (Bremswerk von der Zugstange bis zum Anschluss der Radbremse) und den Radbremsen.

Beide müssen die Vorschriften der Absätze 3 und 6 der Prüfbedingungen für Fahrzeuge mit Ablaufbremsanlagen nach Anhang VIII der Ratsrichtlinie Nr. 71/320/EWG erfüllen, die fortlaufend aktualisiert wird. Dies gilt für Fahrzeuge, die ab 1.1.1991 erstmals in den Verkehr gekommen sind. Dem Anhängerselbstbauer wird empfohlen, Auflaufeinrichtung und Achse mit Radbremse als passende Einheit mit Bauartgenehmigung zu beziehen. Will der Selbstbauer Auflaufeinrichtung und Achse mit Radbremsen selbst zusammenstellen, so muss er eine Zuordnungsberechnung nach EG-Vorschriften vorlegen.

Im Folgenden wird nicht nur für den Anhängerbauer, sondern auch für den Fahrzeugbetreiber, der sich für die besonders sicherheitsrelevante Fahrzeugbaugruppe Bremse interessiert, eine Beschreibung des Aufbaus und der Funktion der Auflaufeinrichtung und der eigentlichen Radbremsen gegeben.

## Aufbau und Funktion der Auflaufeinrichtung

Auflaufeinrichtungen gibt es je nach Hersteller und Verwendungszweck in einer Vielzahl von Ausführungen, im prinzipiellen Aufbau sind sie jedoch weitgehend gleich oder zumindest sehr ähnlich (Bild 32). Alle Konstruktionen verwenden ein Gleitrohr, das in zwei Lagerbuchsen im Führungsrohr der Zugeinrichtung gleitend gelagert ist. Vorn auf dem Gleitrohr ist die Zugkugelkupplung montiert. Die Zugkräfte werden vom Gleitrohr in der Regel über einen Querbolzen, der im Führungsrohr gelagert ist, auf dieses übertragen. Die Länge des ausgefrästen Langloches im Gleitrohr be-

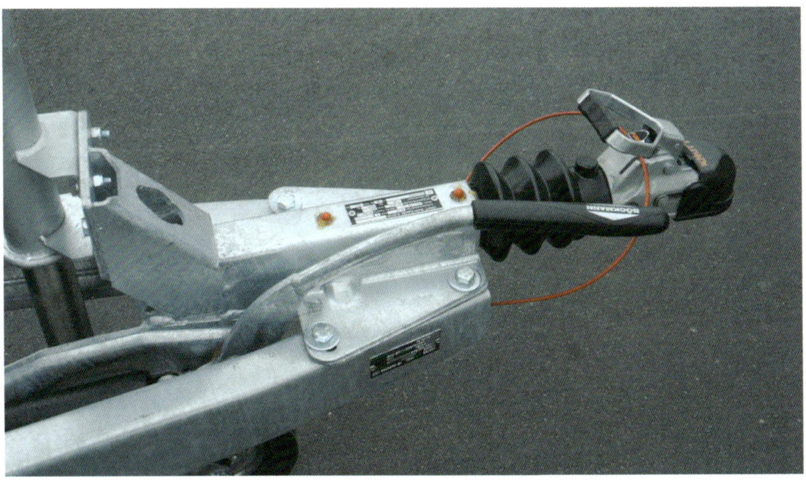

***Bild 32:*** Auflaufeinrichtung einer Auflaufbremsanlage

stimmt in Verbindung mit dem Querbolzen den maximalen Gleitweg und sichert das Gleitrohr gleichzeitig gegen Verdrehung gegenüber dem Führungsrohr. Beim Bremsvorgang wird das Gleitrohr in das Führungsrohr eingeschoben, wobei dann das Gleitrohrende auf den im Führungsrohr gelagerten Bremshebel drückt, der dann die Auflaufkraft entsprechend der Bremshebelübersetzung an die Übertragungseinrichtung und über diese an die Radbremsen weitergibt.

Ein im Gleitrohr eingebauter Stoßdämpfer, dessen freies Ende über den oben genannten oder einen weiteren Querbolzen im Führungsrohr verankert ist, verhindert stoß- bzw. ruckartige Bewegungen des Gleitrohres, dämpft die beim Bremsen und beim anschließenden Lösevorgang auftretenden Stöße und Schwingungen und verhindert gleichzeitig ein unerwünschtes Ansprechen der Radbremsen bei nur geringen Verzögerungen des Zugfahrzeugs, wie sie z. B. beim Schaltvorgang vorkommen.

Die Bedienung der Feststellbremse erfolgt über den Handbremshebel, der die manuell eingeleitete Kraft entweder direkt oder über den bei Anlagen mit Rückfahrmechanik meist eingebauten Federspeicher auf das Bremsgestänge überträgt. Im letzteren Fall muss der Handbremshebel beim Abstellen des Anhängers in einer Steigung ganz nach hinten durchgezogen werden (Bild 33).

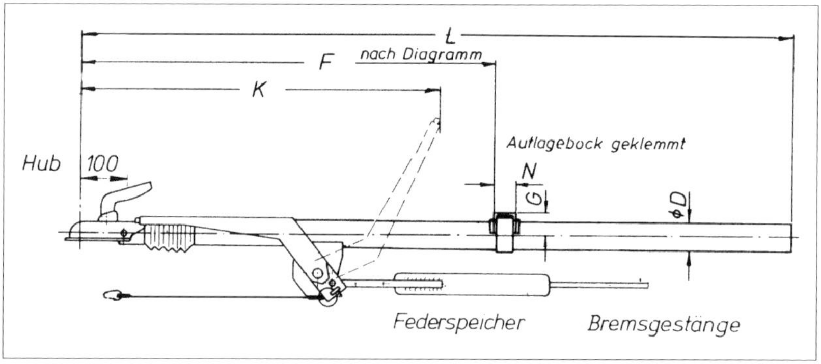


***Bild 33:*** Auflaufeinrichtung mit Federspeicher; die gestrichelte Lage des Handbremshebels zeigt an, wie weit der Hebel beim Abstellen des Anhängers an einer Steigung durchgezogen werden muss.

Am Handbremshebel ist über den Abreißring auch das Abreißsicherungsseil eingehängt. Über das Abreißsicherungsseil wird bei unbeabsichtigter Trennung des Anhängers vom Zugfahrzeug eine selbsttätige Notbremsung des Anhängers eingeleitet, wobei im Prinzip derselbe Vorgang wie beim Anziehen der Hand-/Feststellbremse vollzogen wird.

Damit im Notfall die Abreißbremse ausgelöst werden kann, ist unbedingt darauf zu achten, dass vor Fahrtantritt das Sicherungsseil fest mit dem Zugfahrzeug verbunden wird. Ebenso wichtig ist, dass das Sicherungsseil über einen vorschriftsmäßigen Abreißring, der sich nach dem Anziehen der Bremse öffnet, am Handbremshebel eingehängt ist. Geschlossene, verschweißte Ringe, wie sie in der Praxis der Fahrzeugprüfung nicht selten vorgefunden werden, sind an dieser Stelle unzulässig. Solche stabilen Ringe würden sich im Fall des Abreißens des Anhängers nach dem Auslösen der Bremse nicht öffnen. Die Folge könnte sein, dass der sich abbremsende Anhänger das Heck des jetzt anhängerlosen Zugfahrzeugs herumreißt. Dieses kann dann schnell z. B. im Graben, im Gegenverkehr oder in einer Fußgängergruppe landen. Selbst ein nur 800 kg schwerer Anhänger hat es in entsprechenden Fahrversuchen problemlos vermocht, einen 3er-BMW aus der Bahn zu werfen.

An allen Auflaufeinrichtungen ohne Rückfahrautomatik – teilweise auch bei solchen mit dieser Einrichtung – ist vor dem Zurücksetzen die manuelle Betätigung der Rückfahrsperre erforderlich. Der eingelegte Sperrhebel verhindert das Einschieben des Gleitrohres und damit das Auslösen der Bremsen. Bei leichtem Vorwärtsziehen des Zugfahrzeugs springt der Sperrhebel selbsttätig in seine Ausgangsstellung zurück, sodass die Bremse wieder voll funktionsfähig ist.

Auf Einzelheiten der unterschiedlichen Ausführungen von Rückfahrmechaniken kann im Rahmen dieser Broschüre nicht eingegangen werden. Dem an Details interessierten Selbstbauer wird das Studium der den Bremsanlagen beigefügten Bedienungsanleitungen und Handzetteln über Technik und Wartung der Einrichtungen empfohlen.

## Radbremsen

Bei den Radbremsen hat sich als wohl geeignetste Konstruktion für die Verwendung in Auflaufbremsanlagen die Spreizhebelbremse durchgesetzt. Es handelt sich hierbei in der Regel um eine Simplex-Bremse, d. h. um eine Trommelbremse mit einer auflaufenden und einer ablaufenden Bremsbacke, wobei die Konstruktion der Spreizeinrichtung für die Bremsbacken, der sogenannte Spreizhebel, dem System den Namen gegeben hat (Bild 34).

Die Vorteile der Simplex-Bremse liegen insbesondere in ihrer Unempfindlichkeit gegenüber Reibwertschwankungen zwischen Bremsbelag und Bremstrommel, d. h. Umwelteinflüsse wie z. B. Erwärmung durch Sonneneinstrahlung oder „Schmierung“ durch Spritzwasser beim Durchfahren von Wasserpfützen auf jeweils einer Seite des Anhängers verursachen

***Bild 34:*** Spreizhebelbremse mit Rückfahrautomatik

nur geringe Unterschiede in der Bremswirkung der beeinflussten gegenüber der nicht beeinflussten Radbremse.

Neben der Simplex-Bremse werden auch Servo-Spreizhebel-Bremsen verwendet. Bei diesem System wird die Stützkraft der auflaufenden Primär-Backe als zusätzliche, auf die Sekundär-Backe wirkende Spannkraft genutzt, wodurch im Vergleich zur Simplex-Bremse bei gleich großer, von außen aufgebrachter Spannkraft eine größere Bremswirkung oder bei kleinerer Spreizhebelkraft eine gleich große Wirkung erzielt wird. Da also bei dieser Servo-Spreizhebel-Bremse geringere äußere Zuspannkräfte erforderlich sind als bei der Simplex-Spreizhebel-Bremse, kann zugunsten eines geringeren Auflaufweges ein entsprechend kleineres Bremshebel-Übersetzungsverhältnis gewählt werden. Diesem Vorteil des geringeren Auflaufweges steht allerdings der Nachteil einer größeren Empfindlichkeit in Bezug auf Reibwertschwankungen gegenüber. Welchem System der Vorzug zu geben ist, hängt nicht zuletzt von der Art des Anhängers und seinem überwiegenden Einsatz ab.

Der Vorteil des Spreizhebels als Spannvorrichtung für die Bremsbacken liegt einerseits in der sogenannten schwimmenden Zuspannung, die auch bei unterschiedlichem Belagverschleiß der auflaufenden und ablaufenden

Backe immer gleich große Spannkräfte auf beide Backen überträgt, und andererseits in seinem günstigen Wirkungsgrad von ca. 87 %, also einem relativ geringen Reibverlust bei der Umsetzung von Bremskraft in Zuspannkraft gegenüber Nockenzuspannungen, die nur einen Wirkungsgrad von ca. 55 bis 75 % aufzuweisen haben.

### 2.2.6 Räder und Reifen

Die Auswahl der Räder und Reifen muss in erster Linie nach der erforderlichen Tragfähigkeit erfolgen, d. h. die Tragfähigkeit der beiden Reifen (bei Tandemachsen der vier Reifen) muss mindestens gleich oder größer als die zulässige Achslast sein.

Die Tragfähigkeit für Reifen an Anhängern liegt aufgrund der für sie auf 80 km/h begrenzten Betriebsgeschwindigkeit abweichend von der allgemeinen Norm bei einem um 0,2 bar erhöhten Luftdruck ca. 10 % über den für Personenkraftwagen geltenden Werten. Zur Vermeidung von Reifenschäden darf jedoch bei Ausnutzung dieser Traglasten die technisch zulässige Höchstgeschwindigkeit von 100 km/h auf keinen Fall überschritten werden, auch nicht im Ausland, wo die für Pkw mit Anhänger zulässigen Geschwindigkeiten eventuell höher liegen (siehe auch Kapitel 2.5.7). Außerdem ist zu beachten, dass die ausgewiesenen Tragfähigkeiten jeweils nur bei Verwendung der zur Reifengröße zugeordneten Felgenbreiten (Normfelgen) und dem zugehörigen Luftdruck gültig sind. Einzelheiten sind z. B. der W.d.K.-Leitlinie 195: Reifen an Anhängern hinter Pkw und Leicht-Lkw zu entnehmen [9].

Anhänger, für die die Genehmigung erteilt wurde, mit einer Geschwindigkeit von 100 km/h zu fahren, dürfen für ihre Reifen die oben genannten Tragfähigkeitszuschläge nicht in Anspruch nehmen. In diesem Fall ist, wie bei Pkw, die Nenntragfähigkeit maßgeblich. Näheres dazu sowie weitere Kriterien für die 100-km/h-Genehmigung sind in Kapitel 4.2.2 ausgeführt.

Entsprechend § 30a Abs. 2 StVZO müssen Anhänger für eine Geschwindigkeit von mindestens 100 km/h gebaut und ausgerüstet sein – in der Praxis werden sie daher auf 100 km/h ausgelegt.

Ähnlich wie für die Reifen gelten auch für die an Anhängern verwendeten Stahlräder aufgrund der nach StVO maximal zulässigen Betriebsgeschwindigkeit von 80 km/h entsprechend höhere Tragfähigkeiten als bei Personenkraftwagen, an denen die Räder sonst verwendet werden.

Bei der Auswahl der Räder weiterhin zu beachtende Kriterien sind die Radanschlussmaße (Lochzahl und Lochkreisdurchmesser für die Radbolzen oder -schrauben), die durch die Achse vorgegeben sind bzw. bei

Bestellung der Achse berücksichtigt werden müssen, und die vom Achsenhersteller vorgeschriebene Einpresstiefe (ET), die außer für die korrekte Radlager- und Achsstummelbelastung insbesondere für den ausreichenden Freigang der Räder gegenüber den Schwinghebeln und der Schwinghebellagerungen von Bedeutung ist. Der erforderliche Freiraum gegenüber Fahrwerksteilen muss selbst unter ungünstigsten Betriebsbedingungen mindestens 5 mm betragen.

Bei der Auswahl der richtigen Reifen- und Radgröße sollten aber außer den bisher aufgeführten Anforderungen noch folgende Gesichtspunkte – soweit möglich – beachtet werden:

Wenn am Anhänger die gleichen Räder und Reifen wie am Zugfahrzeug verwendet werden, ergibt sich in der Regel bei Verwendung einer geraden Zugeinrichtung automatisch die richtige Kupplungshöhe. Im Falle einer Reifenpanne am Anhänger kann das Ersatzrad des ziehenden Pkw verwendet werden.

Im Außendurchmesser extrem kleine Räder ergeben zwar geringe Schwerpunkthöhen, haben aber ein sehr geringes Eigenfederungsvermögen und sind besonders im Langstreckenbetrieb bei hohen Dauergeschwindigkeiten z. B. auf Urlaubsfahrten auch ohne Gewichtsüberlastung derart hohen Beanspruchungen ausgesetzt, dass es oft zu Reifenschäden kommt. Auch der Rollwiderstand ist bei den kleineren Reifen größer.

Auskünfte in Räderfragen erteilen z. B. die TÜV-Prüfstellen oder die Radhersteller. Bei Anfragen sollten folgende Angaben gemacht werden:

- Fahrzeugtyp und Baujahr (siehe Fz.-Papiere)
- Felgengröße
- Reifengröße
- Mittenloch
- Lochkreisdurchmesser
- Anzahl der Bolzenlöcher
- Art der Bolzenlochausführung
- Einpresstiefe (Maß von Felgenmitte bis Schüsselanlage)
- Radlast

## 2.3 Aufbau

### 2.3.1 Gestaltungsgrundsätze

Aus sicherheitstechnischer Sicht muss ein Anhängeraufbau folgenden Forderungen gerecht werden:

- ausreichende Festigkeit des Aufbaus und seiner Verbindung zum Fahrgestell,
- gesamte äußere Aufbaugestaltung so, dass am Umriss der Fahrzeuge keine Teile hervorragen, die den Verkehr mehr als unvermeidbar gefährden (§ 30c StVZO),
- richtige Beleuchtungseinrichtungen und sonstige vorgeschriebene Ausrüstung,
- Massenverteilung und aerodynamische Gestaltung so, dass das Fahrverhalten möglichst positiv beeinflusst wird.

Hinzu kommen noch Forderungen, die für den Nutzwert wichtig sind:

- bei ausreichender Festigkeit möglichst leichter Aufbau bzw. geringes Leergewicht,
- gute Haltbarkeit (Verschleißfestigkeit, Korrosionsschutz usw.).

Die Aufbaukonstruktionen sind je nach Aufbauart und Verwendungszweck der Anhänger recht unterschiedlich. Bei vielen Aufbauarten werden jedoch Profilbauteile wie z. B. Winkel-, C-, Z-, Hut- sowie Hohlprofile aus Stahl oder Aluminium verwendet. Die richtige Auswahl solcher Profile für den Anhängerbau hat nicht nur Bedeutung für Festigkeit und Leichtbau, sondern auch für die Vorschriftsmäßigkeit der Konstruktion im Sinne des bereits erwähnten § 30c StVZO. Es kann hier nicht auf die Vielzahl der Verwendungsmöglichkeiten solcher Profilbauteile eingegangen werden. Verwiesen sei in diesem Zusammenhang auf spezielle Literatur, z. B. [10] und die diversen Normblätter [5]. Gleiches gilt für Schraub-, Niet- und Schweißverbindungen der einzelnen Aufbauteile [11].

Industrielle Serienhersteller verwenden für die Anhängerfertigung teilweise auch recht kompliziert geformte Kalt-(Walz-)profile, deren besonderer Vorteil darin besteht, dass sie für spezielle Anwendungen bei äußerst niedrigem Gewicht eine große Formsteifigkeit aufweisen. Diese Profile, deren Verarbeitung z. T. nicht einfach ist, stehen dem Selbstbauer in der Regel jedoch nicht zur Verfügung, sodass sich für ihn – wenn nicht ein industriell vorgefertigter Bausatz zusammenmontiert werden soll – die Verwendung im Handel leicht beschaffbarer Materialien und solcher Normprofile empfiehlt, die in der handwerklichen Verarbeitung z. B. auch bezüglich ihrer Schweißbarkeit weniger Probleme aufwerfen. Im folgenden Kapitel wird am Beispiel eines Kastenaufbaus die Verwendung solcher Profile beim Selbstbau beschrieben.

### 2.3.2 Übliche Lastanhänger

Anhänger zum üblichen Lastentransport haben normalerweise einen kastenförmigen Aufbau. Meist ist dieser Kasten zwischen den Rädern

***Bild 35:*** Üblicher zwischen den Rädern platzierter Aufbau

***Bild 36:*** Über den Rädern angeordneter Kastenaufbau

***Bild 37:*** Anhänger mit hydraulisch absenkbarem Aufbau

platziert (Bild 35), was eine niedrige Ladefläche und einen niedrigen Schwerpunkt bedeutet. Es gibt aber auch – vor allem größere – Anhänger, bei denen sich die Ladefläche über den Rädern befindet (Bild 36). Der Vorteil dieser Konstruktionen ist die besonders große Ladefläche. Schließlich sind noch jene besonders aufwendigen Spezialkonstruktionen zu erwähnen, bei denen der Aufbaukasten z. B. durch eine Hydraulik im Verhältnis zur Achse in der Höhe verstellt oder gar mit der Hinterkante bis auf die Fahrbahn abgesenkt werden kann (Bild 37).

***Bild 38:*** Anhänger mit Kunststoffdeckel und Reling

Übliche Nutzlastanhänger werden nicht nur in vielen Größen – vom kleinen Gepäckanhänger bis zum Tandemachser – gebaut, sondern es gibt auch recht unterschiedliche Aufbauvarianten. So kann der Kastenaufbau offen oder mit flachem bzw. halbhohem Deckel versehen sein. Der Deckel kann mit einer Reling oder sonstigen Halterungen zur Aufnahme z. B. von Sportgeräten ausgerüstet sein (Bild 38).

Viele Lastanhänger haben einen Aufbau mit Plane und Spriegel. Auch der Planenaufbau wird in verschiedenen Höhen gefertigt. Moderne Spriegelgestelle sind dabei der besseren Aerodynamik wegen vorne abgeschrägt (Bild 39).

***Bild 39:*** Plane und Spriegel mit vorderer Abschrägung zur Verringerung des Luftwiderstandes

***Bild 40:*** Gut gemachter Eigenbauanhänger

Selbstbauer werden in der Regel einfache Kastenaufbauten unter Verwendung handelsüblicher Materialien erstellen. Die Fertigung eines solchen Selbstbaukastens kann z. B. etwa wie in Bild 40 gezeigt aussehen.

Für den Bodenrahmen eines Kastenaufbaus verwendet man am besten einen ausreichend dimensionierten gleichschenkligen, rundkantigen Winkelstahl, je nach Anhängergewichtsklasse und -größe etwa in den Abmessungen L 35 mm x 4 mm bis L 50 mm x 7mm.

Die Kastenbreite sollte – für den Fall, dass die Achse vorgegeben ist – in jedem Fall so gewählt werden, dass die Verbindung von Achse und Aufbau ohne besondere Zwischenplatten oder angeschweißte Lappen direkt über das Winkelprofil des Bodenrahmens erfolgen kann. Ist umgekehrt eine bestimmte Kastenbreite erforderlich, sollte bei der Bestellung der Achse der gewünschte Konsolenabstand genau angegeben werden.

Die Längs- und Querträger des Bodenrahmens werden an ihren Enden auf Gehrung geschnitten und miteinander (elektrisch oder Schutzgas) verschweißt. Zur Versteifung sollten in oder unter die Ecken des Rahmens dreieckige Knotenbleche geschweißt werden, deren Dicke in etwa der Schenkeldicke des Winkelprofils entspricht. Dabei sollten zum Elektroschweißen nur kaltbasisch umhüllte Elektroden nach DIN ISO 857-1, sogenannte Kb-Elektroden verwendet werden.

Auf die Ecken des Bodenrahmens werden vorn gleichschenklige, hinten ungleichschenklige Winkelprofile mit der Länge der gewünschten Kastenhöhe aufgesetzt, winklig ausgerichtet und verschweißt. Danach kann der Boden in den Bodenrahmen eingepasst werden.

Für den Boden sollte eine mehrfach wetterfest verleimte, phenolharzbeschichtete Sperrholzplatte verwendet werden, deren Oberfläche mit einem rutschfesten Siebdruckmuster versehen ist. Wenn der Boden eingelegt ist, werden zunächst die Seitenwände und dann die Stirnwand eingepasst. Genaues Einpassen der Bordwände in das Kastengerippe und zusätzliche, aber erst bei der Endmontage kraftschlüssige Verbindung der Bordwände mit den Winkelprofilen erhöhen das Widerstandsmoment und die Steifigkeit der Rahmenbodenanlage. Als Material für die Bordwände sollten ebenfalls wetterfest verleimte, phenolharzbeschichtete Sperrholzplatten – hier jedoch mit glatter Oberfläche – verwendet werden. Die freien Oberkanten der Bordwände und die Kanten der Heckklappe rundum werden mit einem U-förmigen, rundkantigen Blechabschlussprofil eingefasst.

Für den Einbau der Heckklappe müssen unbedingt Bordwandscharnierbeschläge und Kastenverschlüsse verwendet werden, die den deutschen „Richtlinien über die Beschaffenheit und Anbringung äußerer Fahrzeugteile" bzw. der laufend aktualisierten EG-Grundrichtlinie 74/483/EWG über „Vorstehende Außenkanten bei Kraftfahrzeugen" entsprechen. In den Bildern 41 und 42 sind Beispiele zulässiger und unzulässiger Stellbordprofile

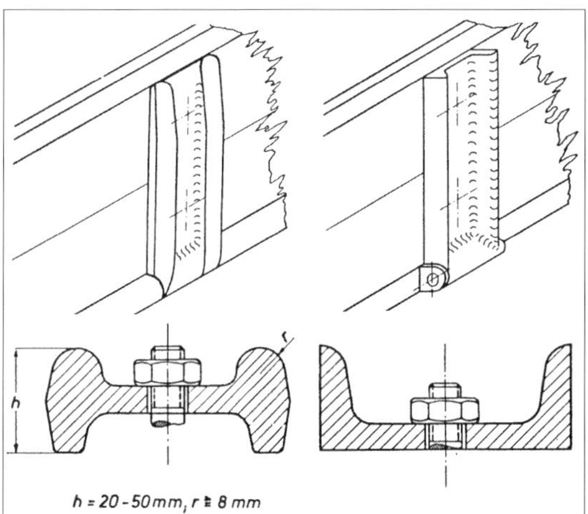


***Bild 41:*** Beispiele für zulässige (links) und unzulässige (rechts) Stellbordprofile und Scharniere

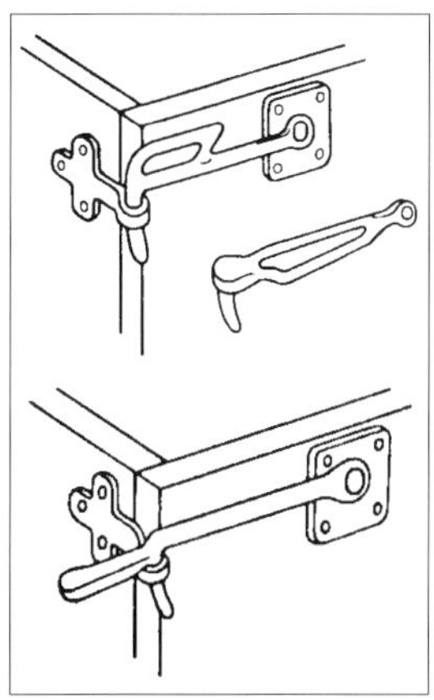

***Bild 42:*** Beispiele für zulässige (oben) und nicht zulässige (unten) Kastenverschlüsse

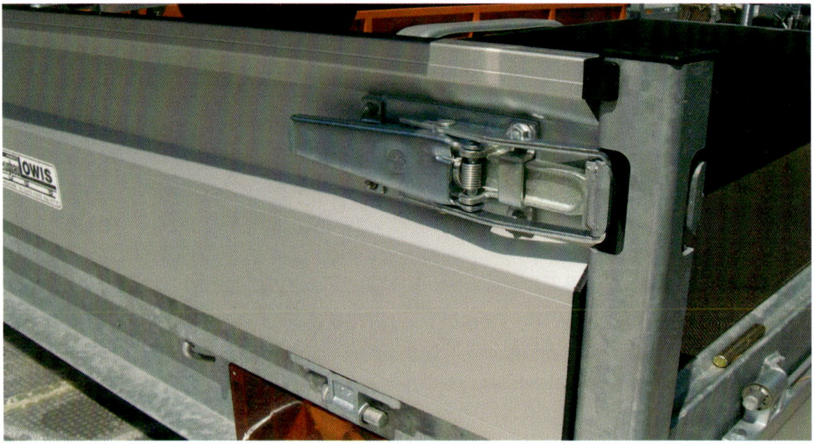

**Bild 43:** Klappverschluss, der sich ohne besonderen Kraftaufwand mit einer Hand betätigen lässt

und Scharniere sowie Kastenverschlüsse dargestellt [12]. Bild 43 zeigt den Klappenverschluss eines industriell gefertigten Serienanhängers, der sich mit einer Hand ohne besonderen Kraftaufwand betätigen lässt.

Bezüglich des Anbaus der Beleuchtungseinrichtungen und sonstiger Ausrüstungsteile sei auf die Kapitel 2.4 und 2.5 verwiesen. Es soll aber schon hier vermerkt werden, dass auch alle diese Teile so angebaut werden müssen, das sie nicht unnötig am Fahrzeugumriss hervorragen und dass andere Verkehrsteilnehmer vor Verletzungen möglichst geschützt werden bzw. die Folgen von Verletzungen bei einem Unfall möglichst gering bleiben. Aus diesem Grunde gehört es heute z. B. auch zum Stand der Technik, dass seitlich am Aufbau angebrachte Einrichtungen mit einem Abweisgestänge versehen werden (Bild 44).

**Bild 44:** Abweisgestänge

Wenn der Aufbau im Rohbau so weit fertiggestellt ist, dass keine Schweißarbeiten oder spanabhebenden Arbeiten, wie z. B. Verputzen der Schweißnähte, Runden von scharfen Kanten, Bohrungen usw. mehr vorgenommen werden müssen, wird er nochmals zerlegt und vor der Fertigmontage mit einem dauerhaften Korrosionsschutz versehen. Hierbei sollte überlegt werden, ob nicht gegenüber dem Aufwand eines mehrfachen Anstrichs einer eventuell nur geringfügig teureren Feuerverzinkung der Vorzug gegeben werden sollte.

### 2.3.3 Vieh- und Pferdetransportanhänger

Vieh- und Pferdetransportanhänger werden wegen der hohen Gewichte meist mit Tandemachsen ausgerüstet. Ein modernes Fahrgestell für derartige Anhänger zeigt Bild 7. Die speziellen Kastenaufbauten gibt es in verschiedenen Größen, z. B. zum Transport eines Pferdes oder zweier Pferde (Bild 45). Die Aufbauten sind mit Kunststoffoberteilen (Bild 46) oder mit Plane und Spriegel abgedeckt.

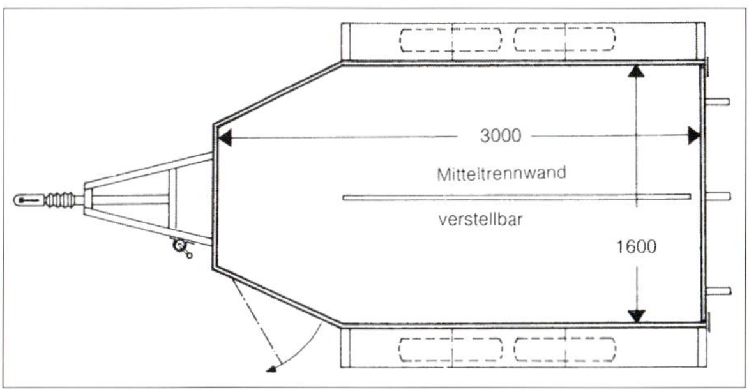


***Bild 45:*** Grundriss für Pferdetransportanhänger

***Bild 46:*** Pferdetransportanhänger mit Kunststoffhaube

Neben den Vorschriften der Straßenverkehrs-Zulassungs-Ordnung müssen für Vieh- und Pferdetransportfahrzeuge auch die Vorschriften der Seuchenabwehr, des Tierschutzes und der Unfallverhütung beachtet werden. Im Folgenden sind einige Vorschriften wiedergegeben.

## Ladefläche und Wände

Der Fahrzeugboden und die Bordwände müssen dicht gefugt und mit einem haltbaren Anstrich versehen sein. Alle Oberflächen müssen leicht zu reinigen und zu desinfizieren sein. Tierische Abgänge, Streu und Futter dürfen nicht durchsickern oder herausfallen können. Der Fahrzeugboden muss gleitsicher und an den Ladeöffnungen mit Dichtleisten versehen sein.

Die Höhe der Bordwände muss je nach Bestimmungs- und Verwendungszweck folgende Mindestmaße über der Ladefläche aufweisen:

1. für Pferde mindestens 2.000 mm,
2. für anderes Großvieh mindestens 1.800 mm,
3. für Kleinvieh mindestens 600 mm.

Bei Großviehtransportern muss die lichte Höhe des Daches oder des Planengestells mindestens 2.000 mm über der Ladefläche betragen. Wegen der relativ hohen Wände sollte der Aufbau zur Erhöhung der Festigkeit mit entsprechend kompakten Seitenstützen versehen sein.

## Verladeeinrichtungen

Vieh- und Pferdetransporter müssen eine eigene Verladeeinrichtung haben, die als Falltür ausgebildet sein kann. Ihre Neigung darf in Ladestellung 30° nicht überschreiten. Die Verladeeinrichtungen müssen gleitsicher ausgebildet sein, z. B. durch Anbringen von Querleisten und Längsleisten an den Seiten der Falltür. Bei Fahrzeugen, deren Ladefläche höher als 750 mm über der Fahrbahn liegt, müssen die Verladeeinrichtungen mit seitlichen Begrenzungsgittern ausgerüstet werden, die ein seitliches Abgleiten der Tiere verhindern. Die Falltüren müssen mit Stützbügeln versehen sein, die in Ladestellung zwischen dem unteren Falltürrand und der Fahrbahn einen Abstand von etwa 120 mm ergeben. In dieser Ladestellung darf der Spalt zwischen Ladefläche und dem Falltürrand nicht größer als 20 mm sein.

## Anbinde- und Trennvorrichtungen

Für Großvieh und Pferde müssen geeignete Anbindevorrichtungen vorhanden sein. Bei gleichzeitigem Transport von Tieren unterschiedlicher Größe, Art und Geschlecht sind Trenngitter erforderlich.

### Lüftungsöffnungen

Bei geschlossener Fahrzeugbauart müssen – auch in der Vorderwand – schließbare Lüftungsöffnungen vorhanden sein. Für den Transport von Kleinvieh müssen auch bei offener Bauart schließbare Lüftungsöffnungen in einer Höhe von 600 bis 800 mm über dem Fahrzeugboden angebracht sein.

### Notausstiege

Transportfahrzeuge für Großvieh und Pferde müssen einen besonderen Notausstieg, eine sogenannte Fluchttür für das Ladepersonal haben. Dieser Notausstieg muss sowohl von innen als auch von außen zu öffnen sein.

### Türen an den Fahrzeuglängsseiten

Die Türbänder (Scharniere) von Drehtüren (Fluchttüren, Ladetüren) an den Längsseiten von Kraftfahrzeugen und Anhängern müssen auf der in Fahrtrichtung vorn liegenden Seite der Türen angebracht sein. Dies gilt bei Doppeltüren für den Türflügel, der zuerst geöffnet wird, der andere Türflügel muss für sich verriegelt werden können. Die Türverschlüsse müssen so beschaffen sein, dass ein unbeabsichtigtes Öffnen der Türen nicht zu erwarten ist.

## 2.3.4 Spezialanhänger für Sportgeräte

Allen Spezialanhängern gemeinsam ist, dass sie nach § 3 Abs. 2 Nr. 2.e) der Fahrzeugzulassungsverordnung (FZV) von den Vorschriften über das Zulassungsverfahren ausgenommen sind. Diese Vorschrift entspricht inhaltlich dem früheren § 18 der Straßenverkehrs-Zulassungs-Ordnung (StVZO), der bis zum 1.3.2007 gültig war. Diese Anhänger müssen nach § 4 Abs. 1 und 2 FZV über eine Betriebserlaubnis verfügen sowie über ein eigenes amtliches Kennzeichen.

Warum so kompliziert, werden Sie fragen. Und wo soll der Unterschied zum Auto sein? Zulassungsfreie Anhänger sind steuer- und versicherungsfrei. Ansonsten ergeben sich in der Praxis keine nennenswerten Unterschiede zu Anhängern, die im normalen Zulassungsverfahren behandelt werden.

Weiterhin gelten für sie auch die Bauvorschriften der StVZO bzw. der EG-Richtlinien. Die Einhaltung dieser Vorschriften wird anlässlich der Prüfung zur Erteilung einer Betriebserlaubnis (siehe auch Kapitel 3) sichergestellt.

## Anhänger zum Transport von Sportbooten

Die bekanntesten Anhänger zum Transport von Sportgeräten sind die Bootsanhänger (Bild 47). Da sie meist einen recht einfachen Aufbau haben, stellen sie ein bevorzugtes Objekt für Selbstbauer dar. Häufig werden auch größere Veränderungen (z. B. Anpassung an andere Boote) an ihnen vorgenommen. Solange diese Anhänger keiner regelmäßigen technischen Überwachung unterlagen, wurden solche Veränderungen dann oft nicht registriert. Das ist z. B. für Käufer von gebrauchten Bootsanhängern wichtig. Sie sollten bei einem Kauf die im Betriebserlaubnispapier beschriebenen Fahrzeugdaten mit dem Ist-Zustand der Kaufobjekte sorgfältig vergleichen, um ein sicheres und vorschriftsmäßiges Fahrzeug zu erstehen.

***Bild 47:*** Verschiedene Arten von Transportanhängern für Boote: für Segelboote (oben links), mit Tandemachse für Motorboote (oben rechts), für mehrere Boote (unten links) und für Trimarane (unten rechts)

Besonderheiten bei Bootsanhängern können verschiebbare Zugrohre (Anpassung des Schwerpunkt-Vormaßes und der Deichsel-Stützlast) und abnehmbare bzw. verstellbare Leuchtenträger sein. Verschiebbare Zugrohre müssen gegen Ausziehen gesichert sein. Hinsichtlich der Leuchtenträger gilt Folgendes: Bei Bootsanhängern dürfen Schlussleuchten,

Bremsleuchten, Fahrtrichtungsanzeiger und amtliches Kennzeichen mit der zugehörigen Kennzeichenbeleuchtung auf einem abnehmbaren Leuchtenträger angebracht sein. Die Rückstrahler, zumindest ein Paar Rückstrahler, müssen jedoch am Anhänger fest angebracht sein, damit der Anhänger bei Dunkelheit und abgenommenen Leuchtenträgern zumindest durch diese abgesichert wird.

## Anhänger zum Transport von Zweirädern für Sportzwecke

Auch diese Anhänger sind vom Aufbau her meist einfach und leicht (Bild 48). Manchmal reichen – z. B. zum Transport eines Rennmotorrades – schon Anhänger mit einem zulässigen Gesamtgewicht bis 400 kg, die auf kleinen Rädern z. B. der Größe 4.00-8 laufen (niedriger Schwerpunkt) und die ohne eigene Bremse auskommen.

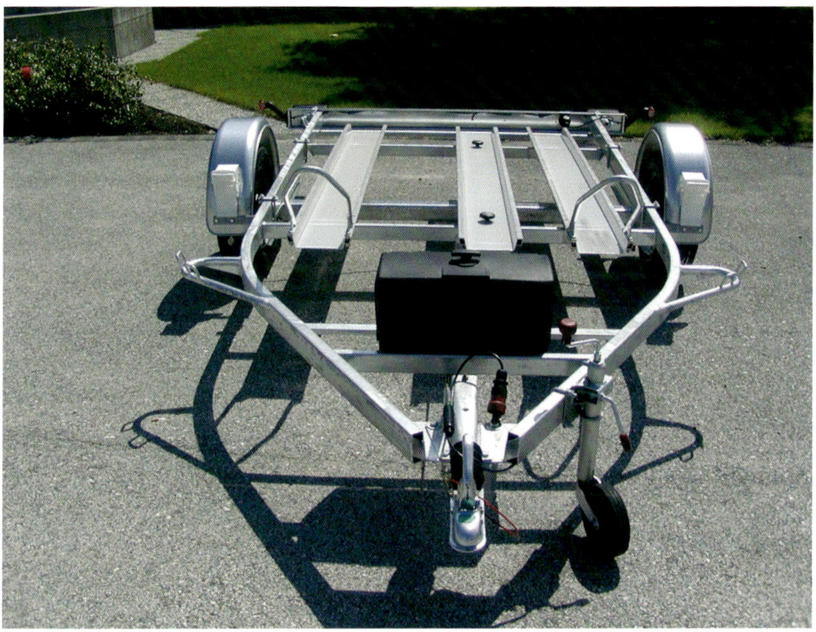

***Bild 48:*** Spezialanhänger zum Transport von Motorrädern

## Anhänger zum Transport von sonstigen Sportgeräten

Vielfältig wie die Sportgeräte sind auch die Spezialanhänger zu ihrem Transport. Es ist deshalb nicht möglich, alle Spezialkonstruktionen zu erwähnen. Bemerkenswert sind die Spezialanhänger zum Transport von Segelflugzeugen (Bild 49) wegen ihrer extremen Längen bei relativ geringem

Gewicht. Die wichtigsten Daten eines Segelflugzeuganhängers können z. B. etwa so aussehen:

| | |
|---|---|
| Zulässiges Gesamtgewicht | 1.000 bis 1.200 kg |
| Nutzlast | 550 bis 650 kg |
| Länge über alles | 10.000 bis 12.000 mm |
| Breite über alles | 2.000 bis 2.200 mm |
| Höhe über alles | 2.200 bis 2.500 mm |
| Reifengrößen | 165 R 14 oder 175 R 14 |

Aus diesen Daten ergibt sich, dass bei gekonntem Leichtbau (Gitterrohrkonstruktion) ein 12-m-Fahrzeug mit einer Achse auskommt.

***Bild 49:*** Spezialanhänger zum Transport von Segelflugzeugen

Werden die Türen in der Vorderwand dieser Anhänger installiert, kann man die rückwärtigen Beleuchtungseinrichtungen vorschriftsmäßig fest (nicht z. B. auf beweglichen Klappen) anbringen.

### 2.3.5 Autotransportanhänger

Spezialanhänger zum Transport von Fahrzeugen (vorwiegend Pkws) müssen vor allem zwei Forderungen erfüllen:

a) hohe Nutzlast, da auch größere Pkws noch transportiert werden sollen,
b) Konstruktionen so, dass eine leichte Verlademöglichkeit gegeben ist.

Die geforderte hohe Nutzlast wird ausschließlich durch Tandemachsbauweise erreicht. Dabei ergeben sich z. B. folgende Daten:

| | |
|---|---|
| Zulässiges Gesamtgewicht | 2.000 kg |
| Leergewicht | 400 kg |
| Zuladung | 1.600 kg |
| Bereifung | 165 R 13 |

Um die zu transportierenden Fahrzeuge leicht auf- und abladen zu können, macht man die Zugeinrichtung zum Anhänger hin abkippbar, sodass die Ladefläche hinten bis zur Fahrbahn schräg gestellt werden kann (Bild 50). Zur Ausrüstung solcher Fahrzeugtransportanhänger gehören eine Spindelkippvorrichtung und eine Seilwinde. Die Anhänger werden als Tieflader (Ladefläche zwischen den Rädern) und als Hochlader gebaut. Bild 6 zeigt eine Autotransporterkonstruktion, die mit den vorhandenen Seitenwänden universal einsetzbar ist. Schließlich gibt es Autotransportanhänger, die 4.000 kg und mehr zulässiges Gesamtgewicht haben und zwei Pkws transportieren können. Es sind zwar noch Einachsanhänger (in Tandemausführung), sie können aber nicht mehr von einem Pkw gezogen werden.

***Bild 50:*** Autotransportanhänger mit abkippbarer Zugeinrichtung

## 2.3.6 Wohnanhänger

Wohnanhänger sind in vielerlei Hinsicht mit üblichen Transportanhängern nicht vergleichbar: Sie kosten erheblich mehr, sind wertbeständiger, haben ein höheres Leergewicht, größere Abmessungen und stellen von der Konstruktion und Fertigung her gesehen wesentlich mehr Ansprüche.

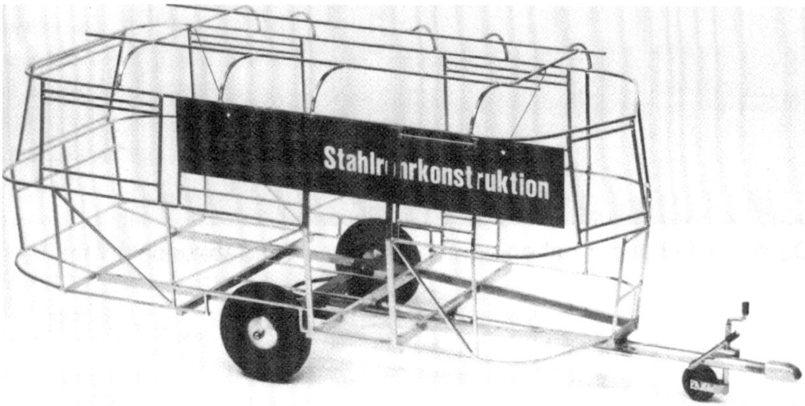

***Bild 51:*** Stahlrohrgerippe-Aufbau

Für den Selbstbau kommen sie überhaupt nicht in Frage, weil Heimwerkermaßstäbe gerade bei dieser Fahrzeugart mit moderner industrieller Leichtbau-Fertigungstechnologie nicht zu vergleichen sind. So kann Do-it-yourself weder aufgrund von Kostenüberlegungen noch von Qualitätsanforderungen konkurrieren. Selbst von nachträglichen Änderungen, z. B. dem Einbau zusätzlicher Möbel, ist abzuraten, da durch solche Änderungen relativ leicht die Massenverteilung, z. B. die Schwerpunkthöhe, so beeinflusst werden kann, dass das Fahrverhalten erheblich beeinträchtigt wird.

Tipps zum Thema Wohnanhänger müssen sich also im Wesentlichen auf Ratschläge zum Kauf und zur Benutzung solcher Fahrzeuge beschränken. Was Kauf – neu oder gebraucht – und Mieten anbelangt, sei auf das im Kapitel 1 Gesagte verwiesen. Typische Wohnanhängeraufbauten zeigen die Bilder 2, 4 und 5. War früher die Standardbauweise Holzgerippe, außen mit Alublech, innen mit Sperrholz verkleidet und die Zwischenräume mit Styropor oder Mineralwolle ausgefüllt, so dominieren heute Wände in Sandwichbauweisen mit Zwischenschichten z. B. aus Polyurethan. Eine Sonderstellung nehmen die strapazierfähigen Tourenwohnanhänger mit Stahlrohrgerippe-Aufbau (Bild 51) in der Palette der verschiedenartigen Konstruktionen ein.

### 2.3.7 Sonderkonstruktionen

Alle bis hierhin beschriebenen Anhänger, gleich ob sie mit einer oder mehr Achsen ausgestattet sind, fallen in die Kategorie Starrdeichselanhänger. Sie haben ihre Achse(n) ziemlich genau in der Mitte des Aufbaus angebracht, verfügen über eine Deichsel oder ein Zugrohr, welches, außer vielleicht für Ladevorgänge, fest mit dem Rahmen verbunden ist.

Nun gibt es auch sogenannte Drehschemelanhänger. Deren Achsen befinden sich am vorderen bzw. hinteren Ende des Aufbaus. Um Kurvenfahrten zu ermöglichen, ist die vordere Achse unter einem sogenannten Drehschemel montiert. Wir kennen solche Anhänger in erster Linie aus dem Lkw-Bereich. Eine V-Deichsel verbindet den Drehschemel mit dem Zugfahrzeug und ist schwenkbar angebracht, um Höhenunterschiede zwischen Zugwagen und Anhänger ausgleichen zu können.

Derartige Anhänger haben den Vorteil, nach dem Abkuppeln vom Zugfahrzeug stabil und ohne Kippgefahr zu stehen. Nachteilig kann je nach Radstand das Kurvenlaufverhalten sein. Weiterhin erfordert das Rückwärtsfahren mit einem solchen Anhänger viel Übung, besonders beim Rückwärtssetzen um Kurven und Ecken.

Wie sich in der Praxis herausgestellt hat, ist das Bremsverhalten von Drehschemelanhängern mit Auflaufbremse unbefriedigend; die theoretischen Bremsleistungen werden häufig nicht erreicht, sodass im Notfall der Bremsweg des Gespanns gefährlich zunimmt. Bei hecklastiger Beladung eines solchen Anhängers kann es bei kräftigen Bremsungen sogar zum Einknicken des Gespanns mit der direkten Folge eines Unfalls kommen.

Daher hat der Gesetzgeber mit dem 1.11.2014 für neu zugelassene Drehschemelanhänger eine Druckluftbremsanlage vorgeschrieben (s. auch Kapitel 2.2.5).

Drehschemelanhänger fanden vor allem im europäischen Ausland bei Marktbeschickern und Handwerkern, welche besonders langes Material transportieren und verbauen, einen gewissen Anklang.

Die problematischen Eigenschaften beim Rückwärtsfahren und der bremstechnisch hohe Aufwand am Anhänger und in der Konsequenz auch beim Zugfahrzeug sprechen eher gegen Drehschemelanhänger. Für den Selbstbauer oder Privatmann fällt darüber hinaus auch der hohe konstruktive Aufwand negativ ins Gewicht. Die Mehrkosten gegenüber einem Starrdeichselanhänger sind erheblich, sodass ein Drehschemelanhänger nur in sehr speziellen Fällen in Betracht gezogen werden sollte.

***Bild 52:*** Drehschemelanhänger

## 2.4 Beleuchtungseinrichtungen

### 2.4.1 Allgemeine Grundsätze

Wie in manch anderen Bereichen steht es dem Hersteller im Bereich der Beleuchtungseinrichtungen weitgehend frei, ob er seine Beleuchtungsanlage entsprechend den Vorschriften der StVZO oder der EG anbringt. Entscheidet er sich für eines der Vorschriftenwerke, so muss die gesamte Lichtanlage dementsprechend gestaltet sein – „Rosinen-Pickerei“ ist also nicht möglich. Der Selbstbauer eines Anhängers genießt bei der derzeitigen Rechtslage mit den nationalen Bestimmungen allerdings mehr Freiheiten. Leider ist die Materie recht kompliziert, und in der Regel besitzt der Selbstbauer nicht die Kenntnisse, um zuverlässig die günstigste Entscheidung treffen zu können; die Sachverständigen des TÜV sind aber gehalten und bemüht, die für den Kunden vorteilhafteste Variante zur Beurteilung oder Beratung heranzuziehen.

An Kraftfahrzeugen und ihren Anhängern dürfen nur die vorgeschriebenen und die für zulässig erklärten lichttechnischen Einrichtungen angebracht werden (§ 49a StVZO bzw. 76/756/EWG und ergänzende Richtlinien).

Nach StVZO müssen die lichttechnischen Einrichtungen fest angebaut und ständig betriebsfertig sein, sie dürfen nicht verdeckt werden (Bild 53). Letzteres bedeutet unter anderem auch, dass die Anbringung auf beweglichen Fahrzeugteilen, wie z. B. Heckklappen oder -türen nicht zulässig ist. Einzelheiten zu den bei Anhängern vorkommenden Beleuchtungs-

***Bild 53:*** Gut angebrachte rückwärtige Beleuchtungseinrichtungen

einrichtungen sind in den §§ 51 bis 54 StVZO geregelt, die in den folgenden Kapiteln noch näher erläutert werden.

Die EG-Richtlinien lassen den Anbau auf beweglichen Fahrzeugteilen zu – außer für Schlussleuchten, hintere Fahrtrichtungsanzeiger und Rückstrahler. Davon gibt es im Gegensatz zur StVZO (z. B. abnehmbare Leuchtenträger an Bootsanhängern) keine Ausnahme. Die detaillierten Bestimmungen können in der bereits erwähnten Richtlinie 76/756/EWG sowie den ergänzenden Richtlinien nachgelesen werden.

Alle genannten lichttechnischen Einrichtungen müssen nach § 22a StVZO in amtlich genehmigter Bauart ausgeführt sein, d. h. jede Leuchte und jeder Rückstrahler muss mit einem amtlichen Prüfzeichen dauerhaft gekennzeichnet sein. Das nationale (deutsche) Prüfzeichen besteht aus einer Wellenlinie von drei Perioden, dem Kennbuchstaben der prüfenden Stelle und der eigentlichen Prüfnummer (Beispiel: ∿ K 12820). Ist das Bauteil nach einem internationalen Genehmigungsverfahren (ECE) geprüft, das von der Bundesrepublik Deutschland mit anderen Staaten vereinbart worden ist, so besteht das entsprechende Prüfzeichen aus einem Kreis, der den Buchstaben „E" und eine das genehmigende Land bezeichnende Ziffer umschließt, und der Genehmigungsnummer bzw. bei EG-Genehmigungen aus einem Rechteck mit kleinem „e" und Genehmigungsnummer (Bild 54).

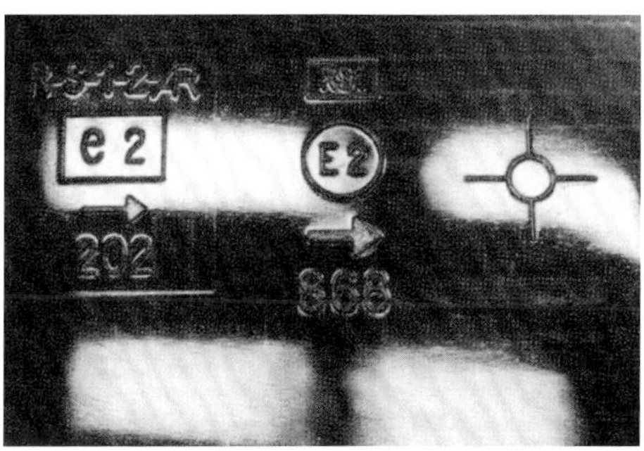


***Bild 54:*** Genehmigungszeichen nach EG und ECE an einer Beleuchtungseinrichtung

## 2.4.2 Vorgeschriebene lichttechnische Einrichtungen

Für einen Anhänger sind die in Tabelle 3 aufgeführten lichttechnischen Einrichtungen vorgeschrieben.

## 2.4.3 Zusätzlich zulässige lichttechnische Einrichtungen

An einem Anhänger sind zusätzlich die in Tabelle 4 aufgelisteten lichttechnischen Einrichtungen zulässig.

***Tabelle 3:*** Vorgeschriebene lichttechnische Einrichtungen

| | | | | StVZO | EG |
|---|---|---|---|---|---|
| 1 | Paar vordere Rückstrahler | Farbe:<br>Form: | weiß<br>nicht dreieckig | – | X |
| – | seitliche Rückstrahler | Farbe:<br>Form: | gelb<br>nicht dreieckig | X | X |
| 1 | Paar Schlussleuchten | Farbe: | rot | X | X |
| 1 | Paar Bremsleuchten | Farbe: | rot | X | X |
| 1 | Paar hintere Rückstrahler | Farbe:<br>Form: | rot<br>dreieckig | X | X |
| 1 | Paar Fahrtrichtungs-anzeiger hinten | Farbe: | gelb | X | X |
| – | Kennzeichenbeleuchtung (nach Anbauanweisung) | Farbe: | weiß | X | X |
| | Eventuell erforderlich: | | | | |
| 1 | Paar vordere Begrenzungs-leuchten (Bedingungen StVZO und EG unterschiedlich) | Farbe: | weiß | X | X |
| 1 | Paar Umrissleuchten, wenn Anhänger breiter als 2,10 m | Farbe: | nach vorn weiß<br>nach hinten rot | X | X |
| – | Seitenmarkierungsleuchten, wenn länger als 6,00 m | Farbe: | gelb | X | X |
| 1 | Nebelschlussleuchte | Farbe: | rot | X | X |

***Tabelle 4:*** Zusätzlich zulässige lichttechnische Einrichtungen

| | | | | StVZO | EG |
|---|---|---|---|---|---|
| 1 | Paar vordere Rückstrahler | Farbe:<br>Form: | weiß<br>nicht dreieckig | X | s. o. |
| 1 | Paar vordere Begrenzungs-leuchten | Farbe: | weiß | X | X |
| 1 | Paar Umrissleuchten, wenn Anhänger breiter als 1,80 m, aber nicht breiter als 2,10 m | Farbe: | nach vorn weiß<br>nach hinten rot | X | X |
| – | Seitenmarkierungsleuchten, wenn nicht länger als 6,00 m | Farbe: | gelb | X | X |
| 1 | Paar Spurhalteleuchten | Farbe:<br>Anbau:<br>Lichtaustritt: | weiß<br>hinten seitlich<br>nach vorn | X | – |
| 1 | Paar Zusatzbremsleuchten | Farbe: | rot | X | – |
| – | zweite Nebelschlussleuchte | Farbe: | rot | X | X |
| – | Rückfahrscheinwerfer (1–2) | Farbe: | weiß | X | X |

## 2.4.4 Anbau der lichttechnischen Einrichtungen
(siehe auch Tabellen 5 und 6 am Ende dieses Kapitels)

Die deutschen und die europäischen Anbauvorschriften sind in vielen Fällen gleich. Soweit sich Unterschiede ergeben, wird bei der Beschreibung der jeweiligen lichttechnischen Einrichtung explizit darauf hingewiesen.

Schlussleuchten, Bremsleuchten und Rückstrahler müssen möglichst am äußeren Ende des Fahrzeugs angebracht sein.

**Schlussleuchten und Bremsleuchten**

Die Schluss- und Bremsleuchten müssen mindestens 350 mm (unterer Rand) über der Fahrbahn angebracht sein, die maximal zulässige Höhe (oberer Rand) beträgt 1.500 mm. Wenn die Form des Aufbaus die Einhaltung dieser Maße nicht zulässt, darf der höchste Punkt der leuchtenden Fläche bis zu 2.100 mm über der Fahrbahn liegen. Die Leuchten müssen auch möglichst weit außen angebracht werden, der äußere Rand ihrer Lichtaustrittsfläche darf nicht mehr als 400 mm von der breitesten Stelle des Fahrzeugumrisses entfernt sein. Ein Anbau nach EG-Vorschriften muss noch weiteren Bedingungen genügen: Der Mindestabstand zwischen den Lichtaustrittsflächen muss 600 mm betragen, bei einer Fahrzeugbreite unter 1.300 mm genügen 400 mm.

**Zusatzbremsleuchten**

Eine Erweiterung der lichttechnischen Einrichtungen entsprechend den StVZO-Vorschriften ermöglicht den Anbau von zwei zusätzlichen Bremsleuchten, die in einer Höhe von mindestens 1.000 mm angebracht werden (die größte Höhe von 1.500 mm für Bremsleuchten gilt in diesem besonderen Fall nicht).

**Hintere Rückstrahler**

Die dreieckigen roten Rückstrahler (Seitenlänge mindestens 150 mm, Spitze nach oben) dürfen höchstens 900 mm (bezogen auf den unteren Rand) über der Fahrbahn angebracht sein, ihr seitlicher Abstand darf nicht mehr als 400 mm (äußerer Rand) von der breitesten Stelle des Fahrzeugumrisses betragen. Zusätzliche Bedingungen für einen Anbau entsprechend den EG-Richtlinien: Der Mindestabstand zwischen den Lichtaustrittsflächen muss 600 mm betragen, bei einer Fahrzeugbreite unter 1.300 mm genügen 400 mm, der Abstand (unterer Rand) von der Fahrbahn muss mindestens 350 mm sein.

**Fahrtrichtungsanzeiger**

Die Fahrtrichtungsanzeiger müssen möglichst weit außen angebracht werden, der äußere Rand ihrer Lichtaustrittsfläche darf nicht mehr als 400 mm von der breitesten Stelle des Fahrzeugumrisses entfernt sein. Weitere Auflagen nach den EG-Richtlinien: Die Fahrtrichtungsanzeiger müssen mindestens 350 mm (unterer Rand) über der Fahrbahn angebracht sein, die maximal zulässige Höhe (oberer Rand) beträgt 1.500 mm. Wenn die Form des Aufbaus die Einhaltung dieser Maße nicht zulässt, darf der höchste Punkt der leuchtenden Fläche bis zu 2.100 mm über der Fahrbahn liegen. Der Mindestabstand zwischen den Lichtaustrittsflächen muss 600 mm betragen, bei einer Fahrzeugbreite unter 1.300 mm genügen 400 mm.

## Seitliche Kenntlichmachung

An allen ab dem 1.1.1980 in den Verkehr kommenden Anhängern müssen an den Längsseiten gelbe, nicht dreieckige Rückstrahler angebracht sein (Bild 55), an Fahrzeugen von mehr als 6 m Länge auch Seitenmarkierungsleuchten. Mindestens je eine dieser lichttechnischen Einrichtungen muss im mittleren Drittel des Fahrzeugs angeordnet sein, die am weitesten vorn angebrachte darf nicht mehr als 3 m von der Deichselspitze, die am weitesten hinten angebrachte nicht mehr als 1 m vom hintersten Punkt des Anhängers entfernt sein. Zwischen zwei aufeinander folgenden Rückstrahlern darf der Abstand nicht mehr als 3 m bzw. 4 m betragen; der letztere Wert gilt nur für Seitenmarkierungsleuchten, wenn bedingt durch die Bauart sich das kleinere Maß nicht halten lässt. Die Höhe der Rückstrahler über der Fahrbahn (oberer Rand) darf nicht mehr als 900 mm betragen, in Ausnahmefällen 1.500 mm. Für Markierungsleuchten gelten analog 1.500 mm bzw. 2.100 mm.

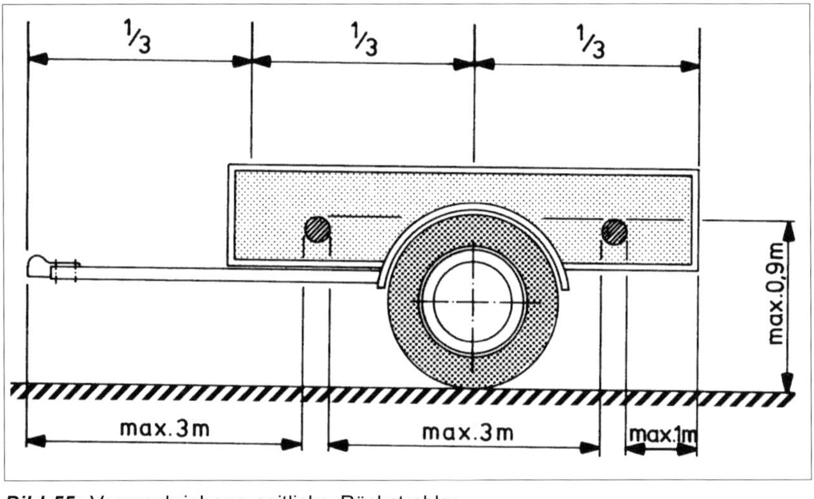


***Bild 55:*** Vorgeschriebene seitliche Rückstrahler

### Begrenzungsleuchten und vordere Rückstrahler

Normalerweise benötigen Anhänger nach der StVZO an ihrer Vorderseite keine lichttechnischen Einrichtungen. Ragt jedoch die breiteste Stelle eines Anhängers mehr als 400 mm über die Begrenzungsleuchten (äußerer Rand) des Zugfahrzeugs hinaus, so sind an der Stirnseite des Anhängers zwei weiße Begrenzungsleuchten anzubringen, bei denen der äußere Rand der Lichtaustrittsfläche nicht mehr als 150 mm von der breitesten Stelle des Anhängers entfernt sein darf. Die Mindesthöhe über der Fahrbahn beträgt 350 mm, die Maximalhöhe 1.500 mm, in Ausnahmefällen auch 2.100 mm. Weiterhin dürfen an der Stirnseite eines Anhängers zwei weiße nicht dreieckige Rückstrahler angebracht sein, die jedoch nicht mehr als 150 mm (äußerer Rand) von der breitesten Stelle des Fahrzeugumrisses entfernt sein dürfen. Die minimal zulässige Höhe (unterer Rand) beträgt 350 mm, die maximal zulässige Höhe (oberer Rand) 900 mm über der Fahrbahn, in besonderen Fällen auch 1.500 mm.

Anders sind die Vorschriften der EG-Richtlinien gestaltet: Vordere Rückstrahler sind grundsätzlich Pflicht, ebenso Begrenzungsleuchten für Anhänger mit einer Breite von mehr als 1.600 mm. Größter Abstand vom seitlichen Umriss ist 400 mm, die Mindesthöhe (unterer Rand) beträgt 350 mm, die größte Höhe über der Fahrbahn (oberer Rand) 900 mm für Rückstrahler und 1.500 mm für Begrenzungsleuchten, wenn die Form des Aufbaus die Einhaltung der Maximalhöhe nicht zulässt, 1.500 mm bzw. 2.100 mm. Zudem muss der innere Abstand der Rückstrahler oder Begrenzungsleuchten 600 mm betragen, bei Fahrzeugbreiten unter 1.300 mm genügen 400 mm.

### Kennzeichenbeleuchtung

Die Kennzeichenbeleuchtung ist entsprechend ihrer Anbauanweisung dem hinteren amtlichen Kennzeichen zuzuordnen (siehe Kapitel 2.5.6).

### Spurhalteleuchten

Am hinteren Ende der beiden Längsseiten eines Anhängers darf je eine nach vorn wirkende Leuchte für weißes Licht, eine sogenannte Spurhalteleuchte, angebracht sein; dies gilt aber nur, wenn die lichttechnischen Einrichtungen in allen Punkten den nationalen Vorschriften entsprechen. Die EG kennt keine Spurhalteleuchten!

### Umrissleuchten

Nur Anhänger mit einer Breite von mehr als 2.100 mm müssen, von 1.800 mm bis 2.100 mm dürfen auf jeder Fahrzeugseite mit einer nach vorn wirkenden weißen und einer nach hinten wirkenden roten Umrissleuchte ausgerüstet sein. Die Leuchten jeder Fahrzeugseite dürfen auch in einer Leuchte zusammengefasst sein. Die Anbringung soll möglichst weit außen und möglichst hoch, aber in jedem Fall symmetrisch erfolgen. Der Abstand zu Schluss- oder Begrenzungsleuchten muss größer als 200 mm sein. Zusatz für die EG-Konformität: Der äußere Rand der Lichtaustrittsfläche darf nicht mehr als 400 mm von der breitesten Stelle des Fahrzeugumrisses entfernt sein.

### Nebelschlussleuchten

Anhänger müssen an der Rückseite mit einer oder dürfen mit zwei Nebelschlussleuchten für rotes Licht ausgerüstet sein, die nicht tiefer als 250 mm (unterer Rand) und nicht höher als 1.000 mm (oberer Rand) über der Fahrbahn angebracht sein dürfen. Der Abstand von den Bremsleuchten muss mindestens 100 mm betragen. Wird nur eine Nebelschlussleuchte angebracht, so muss diese in der linken Fahrzeughälfte angeordnet sein, genau in der Mitte ist auch zulässig. Nebelschlussleuchten sind für alle Anhänger vorgeschrieben, die ab dem 1.1.1991 erstmals in Verkehr gekommen sind.

### Rückfahrscheinwerfer

Der niedrigste Punkt der leuchtenden Fläche darf nicht weniger als 250 mm, der höchste Punkt nicht mehr als 1.200 mm über der Fahrbahn liegen.

### Zusammenfassende tabellarische Darstellung der Anbaumaße für die lichttechnischen Einrichtungen am Pkw-Anhänger

Die Angaben für die Abstände von Leuchten und Rückstrahlern werden auf den Rand der wirksamen Lichtaustrittsfläche bzw. rückstrahlenden Fläche bezogen, und zwar:

Größte Höhe über Fahrbahn – auf den oberen Rand
Mindesthöhe über der Fahrbahn – auf den unteren Rand
Abstand voneinander – auf den Innenrand
Abstand vom Umriss des Fahrzeugs – auf den Außenrand

Alle angegebenen Maße gelten für das unbeladene Fahrzeug.

***Tabelle 5:*** StVZO-Vorschriften

| Lichttechnische Einrichtung | Anbringungsort (Maße in mm) Höhe über der Fahrbahn min. | max. | größter Abstand von der breitesten Stelle | Abstand voneinander | Winkel f. die Sichtbarkeit horizontal | vertikal |
|---|---|---|---|---|---|---|
| Schlussleuchten | 350 | 1.500 (2.100) | 400 | möglichst groß | 45° innen 80° außen | ± 15° |
| Bremsleuchten | 350 | 1.500 (2.100) | 400 | möglichst groß | ± 45° | ± 15° |
| Zusatzbremsleuchten | 1.000 | – | – | möglichst groß | – | – |
| Rückstrahler (dreieckige) | – | 900 | 400 | möglichst groß | ± 30° | ± 15° |
| Fahrtrichtungsanzeiger | – | – | – | möglichst groß | 45° innen 80° außen | ± 15° |
| Amtl. Kennzeichen | 300 | 1.200 | – | – | ± 30° | ± 5° |
| Seitliche gelbe Rückstrahler | – | 900 (1.500) | – | Abstand voneinander 3/1 m | ± 45° | ± 15° |
| Seitliche Markierungsleuchten | 350 | 1.500 (2.100) | – | Abstand voneinander 3(4)/1 m | ± 45° | ± 15° |
| Begrenzungsleuchten | 350 | 1.500 (2.100) | 150 | – | 45° innen 80° innen | ± 15° |
| Weiße Rückstrahler vorn | 350 | 900 (1.500) | 150 | – | ± 30° | ± 15° |
| Umrissleuchten | möglichst hoch | | möglichst weit außen (EG: 400) | 200 v. Schluss-/ Begrenz.-leuchte | 80° außen | + 5°–20° |
| Spurhalteleuchte | – | – | am hint. Ende d. Längsseiten | – | – | – |
| Nebelschlussleuchte | 250 | 1.000 | – | 100 von Bremsleuchte | ± 25° | ± 5° |
| Rückfahrscheinwerfer | 250 | 1.200 | – | – | ± 45° | + 15°–5° |

***Tabelle 6:*** EG-Richtlinien

| Lichttechnische Einrichtung | Anbringungsort (Maße in mm) Höhe über der Fahrbahn min. | max. | größter Abstand von der breitesten Stelle | Abstand vonein-ander | Winkel f. die Sichtbarkeit horizontal | vertikal |
|---|---|---|---|---|---|---|
| Schlussleuchten | 350 | 1.500 (2.100) | 400 | ≥ 600 (≥ 400) | 45° innen 80° außen | ± 15° |
| Bremsleuchten | 350 | 1.500 (2.100) | 400 | ≥ 600 (≥ 400) | ± 45° | ± 15° |
| Rückstrahler (dreieckige) | 350 | 900 | 400 | ≥ 600 (≥ 400) | ± 30° | ± 15° |
| Fahrtrichtungs-anzeiger | 350 | 1.500 | 400 | ≥ 600 (≥ 400) | 45° innen 80° außen | ± 15° |
| Amtl. Kennzeichen | entsprechend Anbauvorschrift der Leuchte | | | | | – |
| Seitliche gelbe Rückstrahler | 350 | 900 (1.500) | – | Abstand von-einander 3/1 m | ± 45° | ± 15° |
| Seitliche Mar-kierungsleuchten | 350 | 1.500 (2.100) | – | Abstand von-einander 3(4)/1 m | ± 45° | ± 15° |
| Begrenzungs-leuchten | 350 | 1.500 (2.100) | 400 | ≥ 600 (≥ 400) | 45° innen 80° außen | ± 15° |
| Weiße Rückstrah-ler vorn | 350 | 900 (1.500) | 400 | ≥ 600 (≥ 400) | ± 30° | ± 15° |
| Umrissleuchten | möglichst hoch | | 400 (nur zulässig, wenn Breite des Anhäng. ≥ 1.800) | möglichst groß | 80° außen | + 5°–20° |
| Nebelschluss-leuchte | 250 | 1.000 | – | 100 von Brems-leuchte | ± 25° | ± 5° |
| Rückfahrschein-werfer | 250 | 1.200 | – | – | ± 45° | + 15°–5° |

## 2.4.5 Kabel und Stecker

Die Schaltung der Leuchten, die Verlegung der Kabel und der Anschluss des – heute vor allem bei Lastenanhängern – noch häufig verwendeten siebenpoligen Steckers muss nach DIN- und VDE-Vorschriften erfolgen (DIN 72522, Ausgabe 2.2004). Als Kabel ist eine siebenpolige Kunststoff-Schlauchleitung mit einem Adern-Mindestquerschnitt von 1,5 $mm^2$ nach DIN ISO 6722 mit der Bezeichnung NYMHA 7 x 1,5 mit den im Anschlussplan zugeordneten RAL-Farben für die einzelnen Leitungen zu verwenden (Bild 56). Es ist darauf zu achten, dass in der siebenpoligen Steckdose am Zugwagen häufig ein Pol (Klemme 54-G) nicht angeklemmt ist.

| Anhängerbeleuchtung: | Kontakt Nr.: | Kabelfarbe: |
|---|---|---|
| Blinker links | 1 (L) | gelb |
| Nebelschlussleuchte | 2 (54-G) | blau |
| Masse | 3 (31) | weiß 2,5 mm |
| Blinker rechts | 4 (R) | grün |
| Schlussleuchte rechts | 5 (58-R) | braun |
| Bremsleuchten | 6 (54) | rot |
| Schlussleuchte links | 7 (58-L) | schwarz |
| Nebelschlussleuchte | 8 (58-b) | grau |

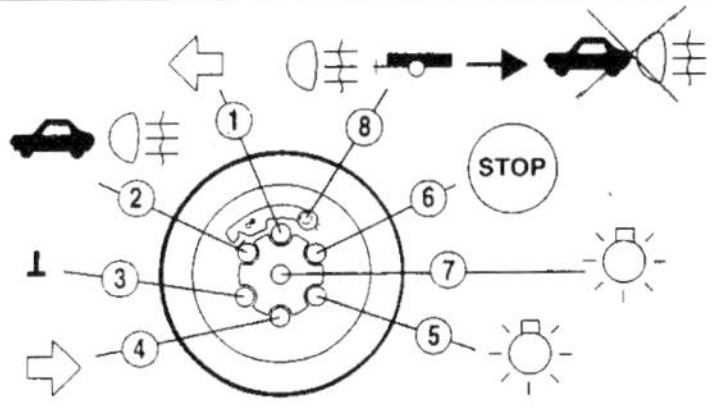


***Bild 56:*** Herkömmliche siebenpolige Anhängersteckdose

Wenn zusätzliche Verbraucher für den Anhänger angeschlossen werden sollen (z. B. Innenbeleuchtung bei Wohnwagen) und keine Nebelschlussleuchte angebaut ist (wie üblicherweise an Fahrzeugen, die vor dem 1.1.1991 erstmals in Verkehr gekommen sind), kann dieser Pol entsprechend mit dem Bordnetz des Zugwagens verbunden werden. Sollte jedoch eine Nebelschlussleuchte angebracht sein, wird diese mit Klemme 54-G verbunden; für zusätzliche Verbraucher im Wohnwagen müsste also eine separate Leitung mit eigenem Steckanschluss gelegt werden.

***Bild 57:*** 13-polige Multicon-Steckdose

Daher sind inzwischen auch Steckvorrichtungen mit bis zu 15 Kontakten nach DIN EN 11446 gebräuchlich, wobei sich am Markt zwei Systeme durchgesetzt haben: Das Multicon-System (Bilder 57 und 58) besitzt wie der siebenpolige Stecker sieben Stifte, jedoch zusätzlich sechs Außenkontakte und ist zum herkömmlichen siebenpoligen System steckerkompatibel.

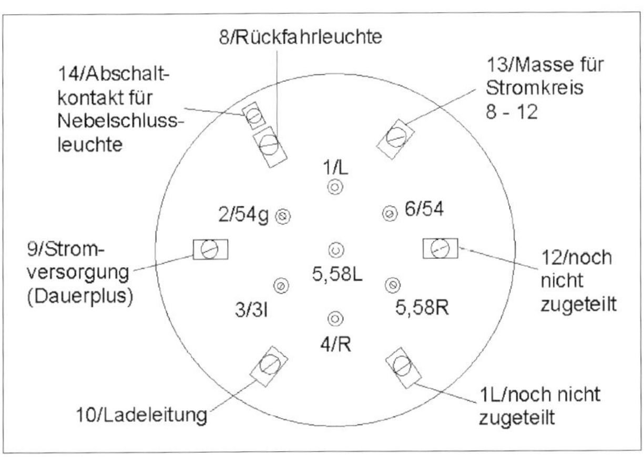


***Bild 58:*** Schema der Multicon-Steckdose (Ansicht Anschlussseite)

Das zweite System „Jäger“ verfügt über 13 Stifte und muss bei „nicht passendem“ Zug- bzw. Anhängerfahrzeug über Zwischenstecker bzw. -kupplung verbunden werden (Bild 59).

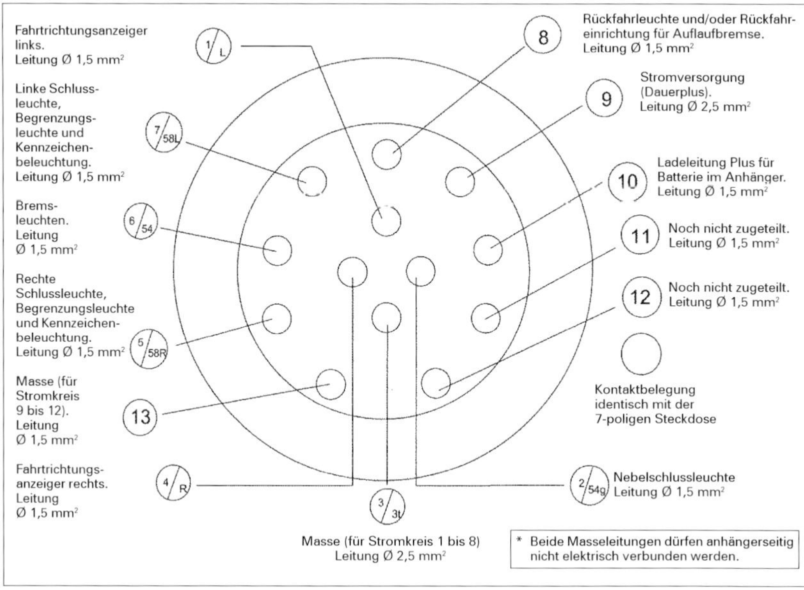


***Bild 59:*** Schema einer 13-poligen Steckdose, System Jäger

An dieser Stelle wird nochmals darauf hingewiesen, dass die Schlussleuchten nicht gemeinsam, sondern über die Anschlüsse 58 L und 58 R getrennt anzuschließen sind, damit nicht bei Ausfall einer Sicherung beide Schlussleuchten gleichzeitig ausfallen. Die Bestückung der Leuchten mit Glühlampen ist entsprechend der Kennzeichnung in den Leuchten vorzunehmen. In der Regel beträgt die Glühlampenstärke für das Schlusslicht 5 Watt und für die Bremsleuchten und die Fahrtrichtungsanzeiger jeweils 21 Watt.

## 2.5 Sonstige Ausrüstung

### 2.5.1 Fabrikschild und Fahrzeug-Identifizierungsnummer

Fabrikschild (Typenschild) und Fahrzeug-Identifizierungsnummer (Fahrgestellnummer) müssen am Anhänger vorne rechts (seitlich oder an der Stirnseite) dauerhaft und gut lesbar angebracht werden (§ 59 StVZO). Das Fabrikschild muss folgende Angaben enthalten (Bild 60):

1. Hersteller
2. Fahrzeugtyp (Eigenbau)
3. Baujahr (nicht bei zulassungspflichtigen Fahrzeugen)
4. Fahrgestellnummer
5. zulässiges Gesamtgewicht
6. zulässige Achslast

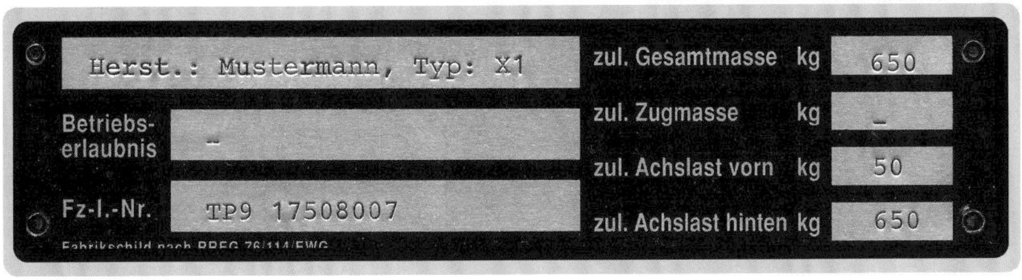


***Bild 60:*** Fabrikschild

Das Fabrikschild besteht in der Regel aus Aluminiumblech, die erforderlichen Angaben werden üblicherweise mit Schlagbuchstaben und -zahlen in die dafür vorgesehenen Felder eingeschlagen, können aber auch geprägt oder graviert werden. Die Art der Anbringung ist freigestellt, muss aber in jedem Fall dauerhaft sein. Anschrauben oder -nieten ist üblich, Ankleben – mit Zweikomponentenkleber – ist zulässig. Die Fahrgestellnummer wird in den vorderen rechten Teil des Rahmens oder den ihn ersetzenden Teil eingeschlagen. Die Fahrgestellnummer darf nicht in abnehmbare Rahmen- oder Fahrzeugteile, wie z. B. angeschraubte Deichseln oder Ähnliches, eingeschlagen werden. Für Eigenbauten kann die Fahrgestellnummer von der Zulassungsstelle zugeteilt werden, sie wird aber in der Regel vom TÜV-Sachverständigen vergeben und auch eingeschlagen.

Bei Fahrzeugen, deren Fahrzeug-Identifizierungsnummer und Fabrikschild gemäß den EG-Richtlinien gestaltet sind, befindet sich die Fahrgestellnummer in einem Rahmen- oder Fahrgestellteil auf der rechten Fahrzeugseite. Die Fahrgestellnummer besteht in diesem Fall aus 17 Buchstaben oder Ziffern, die in drei Gruppen gegliedert sind: Die erste gibt den Fahrzeughersteller an, die zweite beschreibt allgemeine Fahrzeugeigenschaften und die dritte ermöglicht in Verbindung mit den anderen beiden die eindeutige Identifizierung. Sie soll es erlauben, dass jedes Fahrzeug für die Dauer von 30 Jahren einwandfrei über den Hersteller identifiziert werden kann. Das Fabrikschild ist an einer gut sichtbaren Stelle anzubringen, die normalerweise während der Fahrzeuglebensdauer nicht ersetzt zu werden braucht. Es enthält folgende Angaben:

1. Hersteller
2. Nummer der europäischen oder nationalen Betriebserlaubnis
3. Fahrzeug-Identifizierungsnummer
4. zulässiges Gesamtgewicht
5. zulässige Achslast
6. Aufliegelast bei Sattelanhängern

Es liegt auf der Hand, dass eine „EG-Fahrgestellnummer“ nur für serienmäßig gefertigte Fahrzeuge mit einer allgemeinen (deutschen) oder EG-Betriebserlaubnis infrage kommt; Eigenbauten sind somit nach den oben erläuterten Vorschriften der StVZO zu behandeln.

### 2.5.2 Stützlastangabe

Nach § 44 StVZO dürfen weder die für die Anhängerkupplung und die Zugeinrichtung noch die vom Hersteller des ziehenden Fahrzeugs angegebene zulässige Stützlast überschritten werden. Auf die zu beachtenden Stützlasten muss an gut sichtbarer Stelle hingewiesen werden, und zwar durch ein Schild am ziehenden Fahrzeug auf die dort höchstzulässige Stützlast sowie durch ein Schild vorn am Anhänger auf die Min-deststützlast und dessen höchstzulässige Stützlast (Bild 31).

### 2.5.3 Unterlegkeile

Einachsige Anhänger mit einem zulässigen Gesamtgewicht von mehr als 750 kg müssen mit zwei Unterlegkeilen ausgerüstet sein. Die Unterlegkeile müssen in ihrer Größe dem Reifendurchmesser und der Radlast entsprechen, sie müssen sicher zu handhaben und ausreichend wirksam sein (DIN 76051). Die Unterbringung im oder am Fahrzeug muss in leicht zugänglichen Halterungen erfolgen, die ein Verlieren und Klappern während der Fahrt ausschließen. Haken oder Ketten dürfen als Halterung nicht verwendet werden. Der günstigste Anbringungsort für die Unterlegkeile befindet sich in der Regel unter der Ladefläche des Anhängers. Wenn man je einen Keil in der Nähe der Räder seitlich unter

***Bild 61:*** Unter dem Aufbau angebrachter Unterlegkeil

dem Fahrzeugboden anbringt, sind sie bei Bedarf jederzeit griffbereit. Bei dieser Art der Unterbringung stellen die oft doch sehr scharfkantig ausgebildeten Keile auch kein unnötiges Verletzungsrisiko für andere Verkehrsteilnehmer dar (Bild 61).

## 2.5.4 Radabdeckungen

Zum vorschriftsmäßigen Aufbau gehört die richtige Radabdeckung. Da das EG-Recht zu großen Teilen auch konkurrierend Eingang in das deutsche Straßenverkehrsrecht gefunden hat, steht es dem Erbauer des Fahrzeugs frei, ob er die Vorschriften der StVZO oder der EG-Richtlinie angewendet wissen möchte – allerdings muss er dann der jeweiligen Vorschrift in allen Punkten genügen.

Nach den StVZO-Bestimmungen müssen die Abdeckungen die obere Hälfte der Räder über die gesamte Laufflächenbreite der Reifen abdecken. Der äußere Rand der Radabdeckungen oder Kotflügel muss seitlich so weit wie möglich herumgezogen sein, sodass das von den Reifen abgeschleuderte Wasser nicht seitlich herausspritzt, sondern nach unten abgeleitet wird. Die vordere und hintere Kante der Radabdeckung darf maximal 150 mm oberhalb der waagerechten Radmittelebene enden. Bei der Anbringung der Radabdeckungen muss unbedingt auf ausreichenden Freiraum im völlig eingefederten Zustand des Rades geachtet werden (Bild 62).

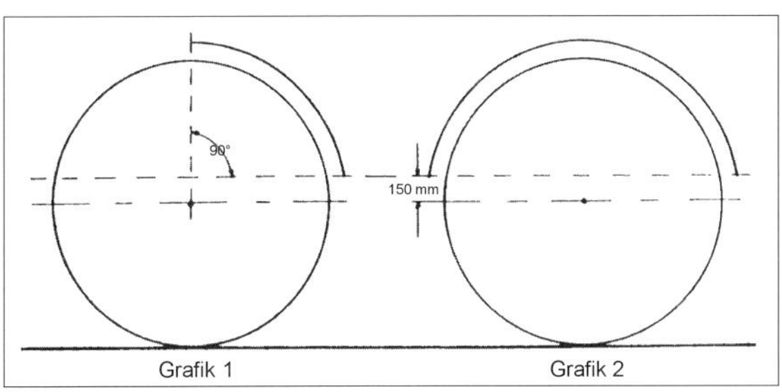


***Bild 62:*** Grafische Darstellung der StVZO-Vorschriften für Radabdeckungen nach § 36a StVZO

Ganz anders die EG-Vorschriften: Die Gesamtbreite des Reifens (also nicht etwa nur die Lauffläche!) muss gegenüber der Senkrechten in einem Winkel von 30° in und 50° entgegen der Fahrtrichtung abgedeckt werden. Weiterhin dürfen die hinteren Kanten der Radabdeckung nicht mehr als 150 mm oberhalb der waagerechten Radmittelebene enden und müssen dabei den Reifen noch mindestens zur Hälfte überdecken. Der äußere Rand der Radabdeckung muss mindestens 30 mm herumgezogen sein, um Spritzwasser nicht seitlich austreten zu lassen, sondern nach unten abzuleiten. Der Abstand zwischen der Radabdeckung und der Radmitte darf nicht mehr als den doppelten statischen Halbmesser des Reifens betragen. Maßgeblich für die Beurteilung sind die extremen möglichen Rad-/Reifen-Kombinationen, die für dieses Fahrzeug freigegeben sind (Bild 63).

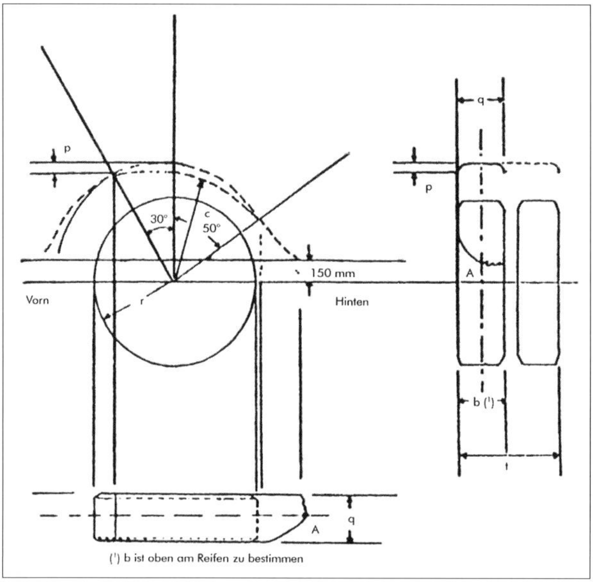


***Bild 63:*** Grafische Darstellung der EG-Vorschriften für Radabdeckungen an Anhängern

## 2.5.5 Ersatzrad und Ersatzradhalterung

StVZO und StVO enthalten keine direkten Vorschriften, nach denen die Ausrüstung eines Fahrzeugs mit einem Ersatzrad gefordert wird. Die Ausrüstung eines Anhängers mit einem solchen Ersatzrad empfiehlt sich dennoch besonders in den Fällen, in denen wegen unterschiedlicher Reifengröße oder anderer Radanschlussmaße das Ersatzrad des Zugfahrzeugs am Anhänger nicht verwendet werden kann. Während eine direkte Ausrüstungspflicht in den Bau- und Ausrüstungsvorschriften nicht enthalten ist, werden im § 36a Abs. 3 StVZO Aussagen darüber gemacht, wie Ersatzräder am Fahrzeug anzubringen sind.

Für außen am Fahrzeug mitgeführte Ersatzräder müssen Halterungen vorhanden sein, die Ersatzräder sicher aufnehmen und allen betriebsüblichen Beanspruchungen standhalten können. Die Ersatzräder müssen gegen Verlieren durch zwei voneinander unabhängige Einrichtungen gesichert sein. Die Sicherungseinrichtungen müssen so beschaffen sein, dass eine von ihnen in jedem Fall wirksam bleibt, d. h. das Ersatzrad noch ausreichend trägt, wenn die andere durch Bruch, sonstiges Versagen oder eventuell durch einen Bedienungsfehler ausfällt (Bild 64 und 65).

***Bild 64:*** Ersatzradunterbringung auf dem Zugrohr

***Bild 65:*** Ersatzradbefestigung an der Aufbauvorderseite

## 2.5.6 Amtliches Kennzeichen

Das amtliche Kennzeichen ist an der Rückseite des Anhängers fest anzubringen, nur beim Bootsanhänger ist die Anbringung ausnahmsweise auf einem Leuchtenträger zulässig. Die Anbringung soll senkrecht zur Fahrbahn erfolgen, darf aber auch bis zu einem Vertikalwinkel von 30° in Fahrtrichtung geneigt sein. Eine Neigung entgegen der Fahrtrichtung ist nicht zulässig. Der untere Rand des Kennzeichens muss mindestens einen Abstand von 300 mm über der Fahrbahn haben, das Kennzeichen darf aber auch die ansonsten vorhandene Bodenfreiheit des Fahrzeugs nicht verringern. Der obere Rand des Kennzeichens darf nicht höher als 1.200 mm über der Fahrbahn liegen. In Sonderfällen kann dieses Maß entsprechend den EG-Vorschriften auch ausnahmsweise bis zu 2 Metern betragen, allerdings darf das Kennzeichen in einer Höhe von mehr als 1.200 mm nur senkrecht bzw. maximal bis zu 15° entgegen der Fahrtrichtung geneigt angebracht sein.

Die Anbringung des Kennzeichens muss in jedem Fall so erfolgen, dass es hinter dem Fahrzeug in einem Winkelbereich von jeweils 30° beiderseits der Fahrzeuglängsachse stets auf ausreichende Entfernung eindeutig lesbar ist. Das Kennzeichen muss durch eine oder eventuell meh-

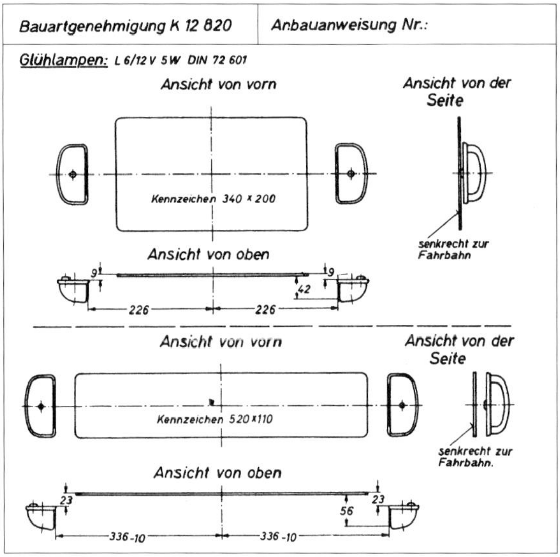


***Bild 66:*** Beispiel für die Anbringung einer Kennzeichenbeleuchtung

rere Kennzeichenleuchten beleuchtet werden, die kein Licht unmittelbar nach hinten austreten lassen dürfen.

Der Anbau der Leuchten und die Zuordnung zum Norm-Kennzeichen (Abmessungen 520 mm x 110 mm oder 340 mm x 200 mm) muss genau nach der Anbauanweisung für die jeweilige Kennzeichenbeleuchtung erfolgen (Bild 66).

Kennzeichen an beweglichen Fahrzeugteilen sind zulässig, wenn das bewegliche Teil nur eine Normallage für die Straßenfahrt hat (Ausnahme siehe § 49a Abs. 9 und 10 StVZO). Damit kann das Kennzeichen samt Beleuchtung auch auf einer Heckklappe oder an Hecktüren angebracht werden.

### 2.5.7 Geschwindigkeitsschilder

Anhänger müssen entsprechend § 30a Abs. 2 StVZO für eine Geschwindigkeit von mindestens 100 km/h gebaut und ausgerüstet sein.

Sind Anhänger für eine niedrigere Geschwindigkeit gebaut oder ausgerüstet, müssen sie entsprechend § 58 StVZO für diese Geschwindigkeit gekennzeichnet sein (rundes, weißes Schild mit einem Durchmesser von 200 mm, Ziffern in schwarzer, fetter Engschrift).

Dieses Geschwindigkeitsschild ist auf der rechten und der linken Seite des Anhängers sowie auf der Rückseite anzubringen. So gibt es durchaus eine Reihe älterer Anhänger, die aus konstruktiven Gründen – und damit ist an dieser Stelle vor allem die Bremsanlage gemeint – nur für eine Betriebsgeschwindigkeit von maximal 80 km/h ausgelegt sind.

In der Land- und Forstwirtschaft oder bei besonderen Konstruktionen sind sogar noch deutlich geringere zulässige Geschwindigkeiten üblich und die Fahrzeuge daher mit den entsprechenden Geschwindigkeitsschildern ausgestattet.

**Achtung:** Die genannten 100 km/h bzw. die Kennzeichnungspflicht stellen nur Bau- bzw. Ausrüstungsvorschriften dar. Trennen muss man davon die zulässigen Höchstgeschwindigkeiten, die mit Anhängern tatsächlich gefahren werden dürfen.

**Und:** Die hier genannten Geschwindigkeitsschilder dürfen nicht mit der sogenannten „großen Tempo-100-km/h-Plakette“ verwechselt werden, die man auch öfters auf Anhängern sieht. Diese Plakette ist einem Geschwindigkeitsschild ähnlich, jedoch mit einem Siegel des Straßenverkehrsamtes versehen. Dieses ist ein Klebeschild und nur einmal auf der Rückseite des Anhängers anzubringen.

Damit wird bestimmten Kombinationen von Zugfahrzeugen und Anhängern auf dem Ausnahmeweg das Fahren mit maximal 100 km/h auf Autobahnen und Kraftfahrstraßen ermöglicht. Doch dazu mehr in Kapitel 4.2.2.

# 3 Zulassungsverfahren und Prüfungen

## 3.1 Zulassung und Betriebserlaubnis

Die Zulassung von Fahrzeugen zum öffentlichen Straßenverkehr ist in der Straßenverkehrs-Zulassungs-Ordnung (StVZO) und der Fahrzeug-Zulassungsverordnung (FZV) geregelt [13]. Nach § 16 StVZO sind zum Verkehr auf öffentlichen Straßen alle Fahrzeuge zugelassen, die den Vorschriften der StVZO und der StVO entsprechen, soweit nicht für die Zulassung einzelner Fahrzeugarten ein besonderes Erlaubnisverfahren vorgeschrieben ist.

Für Kraftfahrzeuge mit einer durch die Bauart bestimmten Höchstgeschwindigkeit von mehr als 6 km/h und ihre Anhänger gelten hinsichtlich der Zulassung auch die Vorschriften der FZV. Nach § 3 FZV sind besondere Erlaubnisverfahren, nämlich das Zulassungs- und Betriebserlaubnisverfahren vorgeschrieben.

Bei Anhängern ist zu unterscheiden, ob sie der üblichen Zulassungspflicht unterliegen oder ob sie nur betriebserlaubnispflichtig sind. Gewöhnliche Anhänger sind zulassungspflichtig

Für Anhänger, die dem Zulassungsverfahren unterliegen – dies sind z. B. alle Arten von gewöhnlichen Transportanhängern und Wohnwagen – benötigt man für die Zulassung eine Zulassungsbescheinigung Teil II (früher: Fahrzeugbrief). Außerdem sind diese Anhänger steuer- und versicherungspflichtig. Der zulassungspflichtige Anhänger erhält bei der Zulassung ein eigenes amtliches Kennzeichen mit Prüfplakette und Siegelplakette der Zulassungsstelle und als „Zulassungspapier“ die Zulassungsbescheinigung Teil I (früher: Fahrzeugschein) (Bilder 67 und 68).

### Spezialanhänger sind betriebserlaubnispflichtig

Ausgenommen von den Vorschriften über das Zulassungsverfahren sind unter anderem Spezialanhänger zur Beförderung von Sportgeräten oder Tieren für Sportzwecke. Diese zulassungsfreien Anhänger dürfen jedoch auf öffentlichen Straßen auch nur dann in Betrieb genommen werden, wenn die zuständige Behörde für sie eine Betriebserlaubnis oder eine EG-Typgenehmigung erteilt hat.

Zuständige Behörden sind das Kraftfahrt-Bundesamt für Allgemeine Betriebserlaubnisse und EG-Typgenehmigungen, die dazu bestimmten

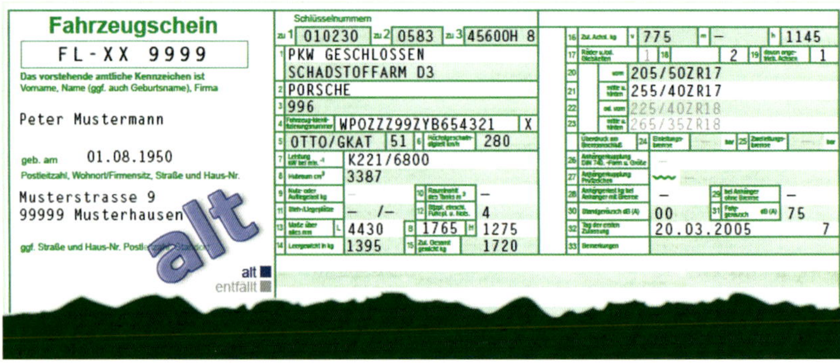


***Bild 67:*** Fahrzeugschein alter Art

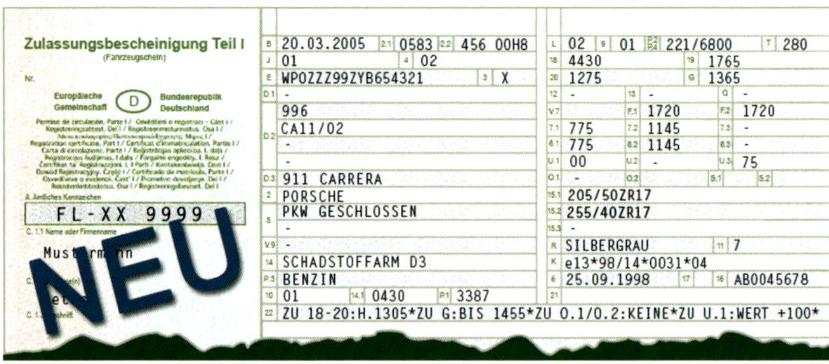


***Bild 68:*** Fahrzeugschein neuer Art: Zulassungsbescheinigung Teil I

Genehmigungsbehörden anderer EG-Staaten für EG-Typgenehmigungen und die Zulassungsstellen für Betriebserlaubnisse im Einzelfall.

Spezialanhänger zum Transport von Sportgeräten (wie z. B. von Booten, Segelflugzeugen, Wettbewerbsfahrzeugen) oder Tieren zu Sportzwecken (z. B. Turnierpferden) sind steuerfrei und benötigen im Allgemeinen keine eigene Versicherung. Sie sind nach entsprechender Anmeldung beim Versicherer im Rahmen der für das Zugfahrzeug abgeschlossenen Versicherung mitversichert, solange sie angekuppelt sind. Schäden, die beim Rangieren des abgekuppelten Anhängers passieren, muss der Halter, so er nicht freiwillig eine Haftpflichtversicherung für den Anhänger abgeschlossen hat, aus seinem Privatvermögen begleichen.

Zulassungsfreie Anhänger als Arbeitsmaschinen oder zum Transport von Sportgeräten oder Tieren zu Sportzwecken – nach § 3 Abs. 2 Nr. 2 Buchstabe e der Fahrzeug-Zulassungsverordnung – müssen beim Verkehr auf öffentlichen Straßen, ebenso wie zulassungspflichtige Fahrzeuge, ein eigenes amtliches Kennzeichen führen.

Dies gilt für erstmals in den Verkehr kommende Anhänger seit dem 1. Juni 1992. Für die vor diesem Zeitpunkt in den Verkehr gekommenen Anhänger mit einem zulässigen Gesamtgewicht von nicht mehr als 2 t ist dies seit dem 31.3.1994 und mit einem zulässigen Gesamtgewicht von mehr als 2 t seit dem 31.10.1994 vorgeschrieben.

Als „Zulassungspapier" ist für diese Art von Anhängern entweder die Ablichtung oder der Abdruck einer Allgemeinen Betriebserlaubnis für den betreffenden Anhängertyp oder eine Betriebserlaubnis im Einzelfall mitzuführen. Die Betriebserlaubnis im Einzelfall wird als Gutachten vom amtlich anerkannten Sachverständigen für den Kraftfahrzeugverkehr (z. B. TÜV-Prüfstelle) auf einem besonderen Formular erstellt. In dieses Formular muss aber in jedem Fall von der Zulassungsstelle der Vermerk „Betriebserlaubnis erteilt" eingestempelt werden, damit die Betriebserlaubnis gültig wird.

Für reihenweise zu fertigende oder gefertigte Fahrzeuge – also für in Serie hergestellte Fahrzeuge gleichen Typs – kann dem Hersteller vom Kraftfahrt-Bundesamt (KBA) eine Allgemeine Betriebserlaubnis (ABE) erteilt werden. Mit der Erteilung der Allgemeinen Betriebserlaubnis übernimmt der Fahrzeughersteller gleichzeitig das Recht und auch die Pflicht, für jedes gefertigte, zulassungspflichtige Fahrzeug, das dem genehmigten Typ entspricht, einen Fahrzeugbrief zu erstellen und mitzuliefern. Handelt es sich um zulassungsfreie, betriebserlaubnispflichtige Fahrzeuge, z. B. um Spezialanhänger für Sportzwecke, so ist die Ablichtung oder der Abdruck der Allgemeinen Betriebserlaubnis bzw. der entsprechende Auszug davon, der das Fahrzeug technisch beschreibt, mitzuliefern.

Für reihenweise zu fertigende oder gefertigte Fahrzeuge kann dem Hersteller durch das Kraftfahrt-Bundesamt bzw. die jeweils zuständigen Genehmigungsbehörden anderer EG-Staaten aber auch eine EG-Typgenehmigung – gewissermaßen eine „Euro-ABE" – erteilt werden. In einem solchen Fall ist der Fahrzeughersteller verpflichtet, die vorgeschriebene Übereinstimmungsbescheinigung für eine EG-Typgenehmigung mitzuliefern.

Zulassungspflichtige wie zulassungsfreie Fahrzeuge erhalten bei der Zulassung durch die Verwaltungsbehörde (Zulassungsstelle) eine Zulassungsbescheinigung Teil I (früher: Fahrzeugschein), die beim Betrieb des Anhängers ständig mitzuführen ist. Damit besitzt der Halter zwei Dokumente. Falls die Zulassungsbescheinigung Teil I einmal verloren gehen sollte, versetzt ihn bei zulassungsfreien, aber betriebserlaubnispflichtigen Fahrzeugen die Ablichtung der (deutschen) Allgemeinen Betriebserlaubnis bzw. die EG-Übereinstimmungsbescheinigung und bei zulassungspflichtigen Anhängern die Zulassungsbescheinigung Teil II in die Lage, sich als rechtmäßigen Halter des Fahrzeugs auszuweisen.

Gehört ein Fahrzeug nicht zu einem genehmigten Typ, handelt es sich also um eine Einzelfertigung oder einen Eigenbau, so muss der Hersteller oder Besitzer des Fahrzeugs die erforderliche Betriebserlaubnis für das betreffende Einzelfahrzeug bei der Verwaltungsbehörde beantragen.

Bei einem zulassungspflichtigen Fahrzeug, z. B. einem gewöhnlichen Anhänger zum Gütertransport oder einem Wohnwagen, wird dazu in der Regel ein Datenblatt benötigt.

Das Ausstellen der Datenblätter, d. h. die technische Beschreibung des Fahrzeugs und die Bestätigung, dass das Fahrzeug den geltenden Vorschriften entspricht, erfolgt durch den amtlich anerkannten Sachverständigen für den Kraftfahrzeugverkehr z. B. beim TÜV (siehe Kapitel 3.2).

Handelt es sich um ein zulassungsfreies, aber betriebserlaubnispflichtiges Fahrzeug, z. B. um einen Anhänger für Sportzwecke, ist kein Datenblatt erforderlich. Die technische Beschreibung erfolgt im Betriebserlaubnisformular, das der amtlich anerkannte Sachverständige bereithält, welches also nicht bei der Zulassungsstelle beschafft werden muss.

## 3.2 Prüfungen im Rahmen der Betriebserlaubnisverfahren

Das Verfahren und die Prüfungen zur Erteilung einer Allgemeinen Betriebserlaubnis (ABE) oder EG-Typgenehmigung sind relativ aufwendig. Sie kommen nur für in Serien gefertigte Fahrzeuge und dementsprechend größere Hersteller in Frage, die mit der Verfahrensweise zur Erlangung einer ABE in der Regel vertraut sind. Auf eine nähere Beschreibung wird deshalb an dieser Stelle verzichtet. Auskünfte können erforderlichenfalls beim Kraftfahrt-Bundesamt in Flensburg oder einer TÜV-Typprüfstelle eingeholt werden.

Gehört ein Fahrzeug nicht zu einem genehmigten Typ, d. h. ist für das Fahrzeug keine Allgemeine Betriebserlaubnis oder EG-Typgenehmigung vorhanden, muss eine Betriebserlaubnis im Einzelfall beantragt werden. Dies wird bei einzelnen Neubauten, Eigen- oder Zusammenbauten immer der Fall sein. Erforderlich ist dann eine Begutachtung entsprechend § 21 StVZO durch einen amtlich anerkannten Sachverständigen für den Kraftfahrzeugverkehr z. B. bei einer TÜV-Prüfstelle. Bei dieser Begutachtung wird geprüft, ob das betreffende Fahrzeug den Bau- und Betriebsvorschriften der Straßenverkehrs-Zulassungs-Ordnung, d. h. den Vorschriften der §§ 30 bis 59a einschließlich den dazu ergangenen Richtlinien und Einzelbestimmungen entspricht.

Für die Fahrt zur Prüfstelle muss das Fahrzeug mit einem roten Kennzeichen oder einem Kurzzeitkennzeichen ausgerüstet werden. Rote Kennzeichen oder Kurzzeitkennzeichen erhält man bei der Zulassungsstelle. Voraussetzung für die Ausgabe von solchen Kennzeichen ist die Vorlage eines entsprechenden Versicherungsnachweises, d. h. einer sogenannten Versicherungsdoppelkarte. Die Bestätigung des Nachweises einer Versicherung gegenüber dem Straßenverkehrsamt kann heutzutage auch per Datenfernübertragung durch den Versicherer erfolgen.

Für einen neu gebauten Pkw-Anhänger sind zur Prüfung mitzubringen und vorzulegen:

a) Eine bzw. zwei Wiegekarten, wenn an der Prüfstelle, die man aufsucht, keine Fahrzeugwaage vorhanden ist. Aus den auf den Wiegekarten ausgedruckten Werten muss das Leergewicht des kompletten Anhängers und die Deichselstützlast ablesbar oder ermittelbar sein. Die Wägungen lässt man auf einer öffentlichen Fahrzeugwaage vornehmen, indem man einmal den Anhänger im angekuppelten Zustand wiegt, wobei nur die Achse des Anhängers auf der Waage und der ziehende Pkw vor der Waageplattform steht (Bild 69). Danach wird der Anhänger abgekuppelt und so weit auf die Waage geschoben, dass die

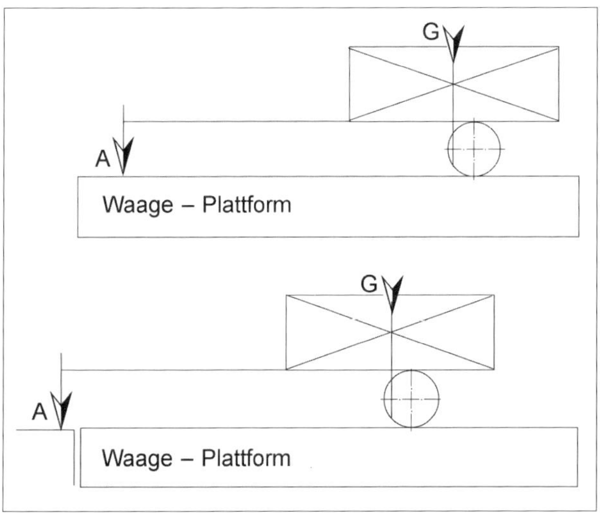


***Bild 69:***
Ermittlung der für die Prüfung erforderlichen Gewichte

Deichsel ebenfalls auf der Plattform aufliegt, und nochmals gewogen. Aus der Differenz der zweiten und ersten Wägung ergibt sich dann die Stützlast. Öffentlich zugängliche Fahrzeugwaagen mit vereidigtem Wägepersonal findet man bei Baustoffhandlungen, Raiffeisen-Genossenschaften, Futtermittel-Großhandlungen, Speditionen und ähnlichen Betrieben. Wichtig ist, dass die Voraussetzungen, unter denen die Wägung stattfand, möglichst genau beschrieben bzw. bescheinigt werden.

b) Eine Bremsberechnung (Zuordnungsberechnung siehe Kapitel 2.2.5 über Bremsen), wenn der Anhänger mit einer Auflaufbremsanlage ausgerüstet ist. Diese Bremsberechnung erhält man vom Fahrgestellhersteller oder, wenn Achse und Auflaufvorrichtung von verschiedenen Herstellern stammen, von einem der beiden, wobei man dann jedoch dem Achsenhersteller angeben muss, welche Auflaufvorrichtung zugeordnet werden soll, oder umgekehrt dem Hersteller der Auflaufvorrichtung angeben muss, welcher Achstyp bzw. welche Radbremse damit kombiniert werden soll. Die dazu erforderlichen Angaben sind auf den Typenschildern der genannten Bauteile, die Angaben für die Radbremse auf den Bremsankerplatten eingeschlagen.

Weitere Unterlagen sind normalerweise nicht erforderlich, können jedoch erforderlich werden, wenn von der üblichen Bauweise abgewichen wird. Erscheint z. B. der Rahmen im Verhältnis zum angestrebten zulässigen Gesamtgewicht zu schwach, wird man mit der Forderung nach einer Festigkeitsberechnung rechnen müssen, oder werden im Fahrzeugbau unübliche Materialien verwendet (z. B. besondere Kunststoffe), so müssen dafür die entsprechenden Nachweise vorgelegt werden. Ergibt die Prüfung des Anhängers, dass alle Bau-, Ausrüstungs- und Betriebsvorschriften eingehalten, die Beleuchtungseinrichtungen und die eventuell vorhandene Bremsanlage im Sinne der Verordnung funktionsfähig sind, so wird für den zulassungspflichtigen Anhänger ein Datenblatt bzw. für einen zulassungsfreien Anhänger das Betriebserlaubnisformular erstellt, sodass danach durch die Zulassungsstelle der Fahrzeugbrief ausgefertigt bzw. die Betriebserlaubnis erteilt werden kann. Werden bei der Prüfung technische Mängel oder Abweichungen von den Bau- und Betriebsvorschriften festgestellt, so wird eine Wiedervorführung zur Nachprüfung der Mängelbeseitigung erforderlich.

## 3.3 Prüfungen nach Veränderungen

Nach § 19 Abs. 2 erlischt die Betriebserlaubnis eines Fahrzeugs, wenn die in der Betriebserlaubnis genehmigte Fahrzeugart geändert wird, eine

Gefährdung von Verkehrsteilnehmern zu erwarten ist oder das Abgas- oder Geräuschverhalten verschlechtert wird.

Eine Änderung der Fahrzeugart kann sich durch die Änderung des Aufbaus oder der Art der Nutzung ergeben. Dies wiederum kann steuer- oder versicherungsrechtliche Bedeutung besitzen. Zur Verdeutlichung zwei Beispiele: Umbau eines Wohnwagens zum offenen Kasten oder Verwendung eines „Anhängers für Tiere zu Sportzwecken" für gewerbliche Tiertransporte.

Eine Gefährdung kann sowohl durch den unsachgemäßen Anbau eines unbedenklichen Teils als auch durch den sachgemäßen Anbau eines unsachgemäßen Teils eintreten. Neben dem Anbau eines Teiles kann das Entfernen von Teilen in diesem Sinne genauso relevant sein wie die Veränderung von vorhandenen Teilen oder der Austausch. Für Pkw-Anhänger können z. B. folgende Änderungen die Betriebserlaubnis zum Erlöschen bringen:

- Änderungen am Rahmen,
- Einbau anderer Achsen,
- Änderungen an der Bremsanlage,
- andere oder geänderte Zugvorrichtung,
- Austausch von Rädern gegen andere als die Originalräder,
- Umrüstung auf Reifen anderer Bauart oder anderer Größenbezeichnung, die nicht in den Fahrzeugpapieren eingetragen sind (höhere Tragfähigkeitsklasse und höherer Geschwindigkeitsbereich sind zulässig).

Der dritte Punkt, der zum Erlöschen der Betriebserlaubnis führt, nämlich die Verschlechterung des Abgas- oder Geräuschverhaltens, ist bei Anhängern üblicherweise ohne Belang.

Ist die Betriebserlaubnis durch derartige Änderungen erloschen, so muss das Fahrzeug an einer Technischen Prüfstelle erneut begutachtet werden, wobei die Veränderungen auch im Fahrzeugbrief oder im Betriebserlaubnisformular entsprechend eingetragen und beschrieben werden. Danach ist eine erneute Betriebserlaubnis unter Vorlage der geänderten Fahrzeugpapiere bei der Zulassungsstelle zu beantragen, wobei dann auch die Berichtigung des Fahrzeugscheines erfolgt, in dem der Sachverständige keine Eintragungen vornehmen darf.

§ 19 Abs. 3 regelt die Fälle, in denen die Betriebserlaubnis des Fahrzeugs bei nachträglichen Änderungen – abweichend von Absatz 2 (s. o.) – nicht erlischt. Hierbei wird davon ausgegangen, dass für die Teile, die nachträglich ein- oder angebaut werden, eine Genehmigung vorliegt.

Solche Genehmigungen können sein:

- eine Betriebserlaubnis nach § 22 StVZO,
- eine Bauartgenehmigung nach § 22a StVZO,
- eine Genehmigung im Rahmen der Fahrzeugbetriebserlaubnis oder eines Nachtrags dazu,
- eine EG-Genehmigung oder ECE-Genehmigung (Genehmigungszeichen vgl. Kap. 2.4.1),
- ein Teilegutachten eines anerkannten Technischen Dienstes oder eines akkreditierten Prüflaboratoriums.

In solchen Fällen ist es von besonderer Wichtigkeit, die Genehmigung genau zu lesen. Erstens können bestimmte Auflagen oder Anbauanweisungen zu beachten sein. Zweitens kann die Begutachtung des Anbaus durch einen Sachverständigen oder Prüfingenieur vorgeschrieben sein. Nur wenn diese unverzüglich durchgeführt wird, erlischt die Betriebserlaubnis nicht!

Neben den Fahrzeugpapieren (Zulassung bzw. Abdruck der Betriebserlaubnis) sind die Genehmigungspapiere ständig beim Fahrzeug mitzuführen, im Falle einer Anbauabnahme gilt dies auch für die Bestätigung derselben.

Nach § 13 FZV müssen die Angaben in den Fahrzeugpapieren – also auch die Fahrzeugbeschreibung – ständig den tatsächlichen Verhältnissen entsprechen. So kann trotz einer vorliegenden Genehmigung der Gang zur Zulassungsstelle erforderlich werden. Bei Anbauabnahmen findet sich dazu auch ein Hinweis auf der vom Sachverständigen oder Prüfingenieur ausgestellten Bescheinigung. Aber auch andere Änderungen, wie z. B. die Verlegung des regelmäßigen Standortes des Fahrzeugs, die Änderung des Wohnortes oder der Verkauf des Fahrzeugs sind der Zulassungsstelle unverzüglich zu melden.

Außer den oben angeführten technischen Änderungen am Fahrzeug, die die Betriebserlaubnis zumindest berühren, gibt es natürlich auch solche, die lediglich eine Beschaffenheitsvorschrift verletzen, ohne dass eine Gefährdung vorliegt. Auch wenn dadurch nicht die Betriebserlaubnis erlischt, ist der Halter zur Wiederherstellung eines vorschriftsmäßigen Zustands verpflichtet.

Zugegebenermaßen handelt es sich hier um ein nicht eben einfaches rechtliches Gebiet. Es ist daher im Zweifelsfalle ratsam, vor geplanten Veränderungen z. B. einen TÜV-Sachverständigen auf einer Prüfstelle zu kontaktieren und mit ihm den Umbau zu erörtern. Nicht nur bei technischen Fragen, sondern auch im „Papierkrieg“ kann er Ihnen eine Hilfe sein.

## 3.4 Wiederkehrende Prüfungen

Fahrzeuge, die ein eigenes amtliches Kennzeichen führen müssen, sind in regelmäßigen Zeitabständen zu einer Hauptuntersuchung entsprechend § 29 StVZO vorzuführen. Für Pkw-Anhänger beträgt dieser Zeitabstand zwei Jahre.

Der Monat und das Jahr, in welchem das Fahrzeug spätestens zu dieser Hauptuntersuchung anzumelden ist, wird durch die Prüfplakette und durch den entsprechenden Vermerk, den sogenannten „HU-Stempel", im Fahrzeugschein der Zulassungsbescheinigung Teil I ausgewiesen.

Ein Überschreiten dieses Zeitpunktes stellt eine Ordnungswidrigkeit dar und kann entsprechend durch die Ordnungsbehörden geahndet werden. Darüber hinaus gilt seit dem 1.12.1999, dass die Plakette bei Fristüberschreitung „zurückgeklebt" wird. Maßgeblich für den Zeitpunkt der nächsten Hauptuntersuchung sind jetzt Monat und Jahr der letzten Hauptuntersuchung, wobei maximal 23 Monate zurückgegangen wird.

Dies wird nachfolgend an zwei Beispielen erläutert: Ein Anhänger, der im Januar zur Hauptuntersuchung hätte angemeldet werden müssen, aber tatsächlich erst im Juni desselben Jahres angemeldet wird – also fünf Monate zu spät –, muss bereits nach 19 Monaten – also im Januar des übernächsten Jahres – wieder „zum TÜV". Ein Anhänger, der z. B. vor genau fünf Jahren das letzte Mal geprüft wurde – mithin drei Jahre bzw. 36 Monate überfällig ist –, bekommt nur 1 Monat bis zur nächsten Hauptuntersuchung. Ein Überziehen der Untersuchungsfrist lohnt sich also nicht.

Eine neue Plakette wird zugeteilt, wenn bei der Hauptuntersuchung keine oder nur geringe Mängel festgestellt werden und die unverzügliche Beseitigung dieser Mängel zu erwarten ist. Geringe Mängel sind solche Mängel, die keinen nennenswerten Einfluss auf die Verkehrssicherheit des Fahrzeugs haben oder die eine kurzfristige und unerhebliche Abweichung von Vorschriften darstellen.

Die Mängelarten von Pkw-Anhängern sind natürlich nicht so vielfältig wie bei Kraftfahrzeugen. Registriert werden bei den §-29-Prüfungen vor allem Mängel an der Bremse (z. B. zu großer Auflaufweg), an den Reifen (z. B. Beschädigungen) und an den Beleuchtungseinrichtungen (z. B. fehlende oder mangelhafte Funktion aufgrund von schlechten Kabelverbindungen, defekten Glühlampen usw.). Mit dieser kleinen Aufzählung ist auch schon angedeutet, auf welche Dinge der Fahrzeughalter achten sollte, bevor er zur Hauptuntersuchung fährt.

Die Prüfplakette muss nicht unbedingt und unmittelbar nach der Hauptuntersuchung durch den Prüfer, sondern kann auch später bei der Zulassungsstelle angebracht werden, so z. B. in allen Fällen, in denen ein Fahrzeug noch nicht zugelassen ist, bei der Prüfung also auch noch keine Zulassungsbescheinigung Teil I (alt: Fahrzeugschein) vorliegt, und in solchen Fällen, in denen eine neue Zulassungsbescheinigung Teil I durch die Zulassungsstelle ausgestellt werden muss, weil am Fahrzeug Änderungen vorgenommen wurden, die eine Eintragung in den Fahrzeugpapieren erforderlich machen.

Eine durch eine Änderung am Fahrzeug ggf. erloschene Betriebserlaubnis lebt erst wieder auf, wenn die Zulassungsstelle durch Neuausstellung bzw. Änderung der Papiere diese wieder erteilt.

# 4 Betrieb und Wartung

## 4.1 Straßenverkehrsrechtliche Vorschriften

Die straßenverkehrsrechtlichen Vorschriften beim Betrieb eines Pkw-Anhängerzuges beziehen sich auf das Fahrerlaubnisrecht, die Bau- und Zulassungsvorschriften der StVZO, wie in Kapitel 2 und 3 behandelt, und die einschlägigen Vorschriften der Straßenverkehrsordnung (StVO).

### 4.1.1 Fahrerlaubnis

An dieser Stelle müssen wir zwischen alten Fahrerlaubnissen und neuen EG-Fahrerlaubnissen unterscheiden.

#### Alte (nationale) Fahrerlaubnis

Inhaber der alten Fahrerlaubnis der Klasse 3 dürfen Pkw-Anhängerzüge fahren, wenn der Zug nicht mehr als drei Achsen hat. Tandemachsen – zwei Achsen, die weniger als einen Meter voneinander entfernt sind – gelten dabei als eine Achse.

Sind die beiden Achsen einen Meter oder mehr voneinander entfernt, handelt es sich um eine Doppelachse (ab 2 m sind es Einzelachsen), die führerscheinrechtlich als zwei Achsen gelten. In diesem Fall wird die alte Fahrerlaubnis der Klasse 2 bzw. die EG-Fahrerlaubnis der Klasse BE erforderlich.

Letztere ist für Inhaber einer Fahrerlaubnis der Klasse 3 recht einfach durch Umschreibung beim zuständigen Straßenverkehrsamt – also Umtausch des alten Führerscheins in einen Kartenführerschein – zu erlangen.

#### EG-Fahrerlaubnis

Der Besitzer einer EG-Fahrerlaubnis der Klasse B darf Kraftfahrzeuge bis 3,5 t zulässige Gesamtmasse fahren und grundsätzlich dabei Anhänger bis 750 kg zulässige Gesamtmasse mitführen. (Anmerkung: Der neue Begriff „Zulässige Gesamtmasse“ und die alte Bezeichnung „Zulässiges Gesamtgewicht“ meinen in der Praxis das Gleiche. In den folgenden Darlegungen wird daher nur noch der neue Terminus verwendet.)

Aber mit der Klasse B dürfen auch schwerere Anhänger gefahren werden, sofern dabei zusätzliche Bedingungen eingehalten werden. Mit der Umsetzung der 3. EU-Führerscheinrichtlinie zum 19.1.2013 haben sich für den Betrieb von Anhängern einige bürgerfreundliche Änderungen ergeben.

So dürfen auch Anhänger mit einer zulässigen Gesamtmasse von mehr als 750 kg gezogen werden, sofern die Summe der zulässigen Gesamtmassen von Zugfahrzeug und Anhänger einen Wert von 3,5 t nicht überschreitet. Die nicht ganz einfach nachzuvollziehende führerscheinrechtliche Regelung hinsichtlich des Verhältnisses der zulässigen Gesamtmassen von Zug- und Anhängefahrzeug ist erfreulicherweise gestrichen worden.

Damit ist ein Führerschein der Klasse B ausreichend, beispielsweise einen Golf mit einer zulässigen Gesamtmasse von knapp 2.000 kg und einen Anhänger mit einer zulässigen Gesamtmasse von 1.500 kg zu bewegen.

Wird der Zugwagen oder Anhänger schwerer, sodass die Summe beider zulässigen Gesamtmassen die Grenze von 3,5 t überschreitet, ist der Führerschein der Klasse B96 oder der Klasse BE erforderlich.

Der Unterschied zwischen der Klasse B und der Klasse B96 besteht im Wesentlich darin, dass die Summe der zulässigen Gesamtmassen aus Zugfahrzeug und Anhänger nicht nur 3.500 kg, sondern sogar 4.250 kg betragen kann.

Der Führerschein der Klasse B96 setzt den Führerschein der Klasse B voraus und kann ohne Prüfung erworben werden. Nach einer theoretischen und praktischen Schulung in einer Fahrschule kann durch diese eine Bescheinigung ausgestellt werden, mithilfe derer die Führerscheinstelle beim Straßenverkehrsamt die Fahrerlaubnis der Klasse B96 erteilt.

Übersteigt die Summe der zulässigen Gesamtmassen von Zugwagen und Anhänger den Wert von 4.250 kg, ist sogar die Fahrerlaubnisklasse BE erforderlich. Wie die Klasse B96 kann diese nach Erwerb der Klasse B erlangt werden. Im Gegensatz zu dieser ist nicht nur eine praktische Ausbildung in einer Fahrschule nötig, sondern zusätzlich eine praktische Prüfung erforderlich.

Das klingt – auch nach der Neuregelung von 2013 – nicht ganz einfach und lässt sich am leichtesten anhand einiger Beispiele erfassen:

- Ein schwerer Geländewagen mit einer zulässigen Gesamtmasse von 3.100 kg soll einen Anhänger mit einer zulässigen Gesamtmasse von 750 kg ziehen. Hier genügt die Fahrerlaubnis der Klasse B. Besitzt der Anhänger dagegen eine zulässige Gesamtmasse von beispielsweise 1.200 kg, ist die Fahrerlaubnis der Klasse BE vonnöten, selbst wenn der Anhänger unbeladen ist und tatsächlich nur 250 kg wiegt. Denn sobald die zulässige Gesamtmasse des Anhängers über 750 kg liegt, darf für die Klasse B die Summe der zulässigen Gesamtmassen beider Fahrzeuge 3.500 kg nicht mehr überschreiten.

- Ein Pkw der Mittelklasse mit einem Leergewicht von 1.500 kg und einer zulässigen Gesamtmasse von 2.000 kg soll einen Caravan mit einer zulässigen Gesamtmasse von 1.500 kg ziehen. Ein auf die Klasse B ausgestellter Führerschein ist ausreichend. Wird der Caravan zu einem späteren Zeitpunkt auf z. B. 1.600 kg aufgelastet oder verwendet der Fahrer ein Zugfahrzeug mit einem höheren zulässigen Gesamtgewicht, überschreitet die Summe der zulässigen Gesamtmassen 3.500 kg und der Fahrer muss den „Anhängerschein" – also die Fahrerlaubnis der Klasse BE besitzen.
- Nimmt der Fahrer im obigen Beispiel ein Zugfahrzeug mit einem Leergewicht von 1.400 kg, wird die 3,5-t-Grenze nicht überschritten, aber die zulässige Gesamtmasse des Caravans liegt über dem Leergewicht des ziehenden Fahrzeugs. Daher ist auch in diesem Fall die Fahrerlaubnis der Klasse BE erforderlich.
- Ein Geländewagen oder Pkw der oberen Mittelklasse mit einer zulässigen Gesamtmasse von 2.600 kg überschreitet mit einem schweren Wohnwagen oder Pferdeanhänger, beispielsweise mit einer zulässigen Gesamtmasse von 2.000 kg, in der Summe der zulässigen Gesamtmassen auch die Grenze von 4.250 kg. Daher ist in diesem Fall die Fahrerlaubnis der Klasse BE erforderlich.

Das für diese Betrachtungen zulässige Leergewicht ist im Fahrzeugbrief oder -schein unter Ziffer 14 bzw. in der Zulassungsbescheinigung Teil I in Feld G, die zulässige Gesamtmasse unter Ziffer 15 bzw. Feld F.1 und F.2 ausgeworfen. Mögliche abweichende Angaben, die unter Ziffer 33 bzw. Feld 22 „Bemerkungen" abgedruckt sind, sind in diesem führerscheinrechtlichen Zusammenhang ohne Belang (Bild 70 und 71).

Für den künftigen Lenker von Gespannen aus Zugwagen und Anhänger ergibt sich nun die Qual der Wahl. Ist (eigentlich) kein Anhängebetrieb geplant, oder reden wir nur von kleinen Lasten- oder Bootsanhängern bis 750 kg zulässiger Gesamtmasse, reicht in jedem Fall der Führerschein der Klasse B.

Sobald der Anhänger schwerer werden soll oder sein könnte, beginnt das Rechnen. Wer sicher ist, nie in Versuchung zu kommen, wirklich schwere Anhänger, wie z. B. Pferdeanhänger oder große Wohnwagen zu ziehen, kann den Führerschein der Klasse B96 in Betracht ziehen und sich damit die praktische Fahrerlaubnisprüfung mit einem Anhänger ersparen.

| | | | | | | |
|---|---|---|---|---|---|---|
| Schlüsselnummern | | | | | | |
| zu 1 | 010232 | zu 2 | 0710 | zu 3 | 347009 | 1 |
| 1 | PKW GESCHLOSSEN | | | | | |
| | SCHADSTOFFARM D4 | | | | | |
| 2 | DAIMLERCHRYSLER (D) | | | | | |
| 3 | 210 | | | | | |
| 4 | Fahrzeug-Identifizierungsnummer | WDB2100821B111111 | | | | X |
| 5 | OTTO/GKAT | 51 | 6 | Höchstgeschwindigkeit km/h | 234 | |
| 7 | Leistung KW bei min | K 165 /5600 | | | | |
| 8 | Hubraum cm³ | 3199 | | | | |
| 9 | Nutz- oder Aufliegelast kg | - | 10 | Rauminhalt des Tanks m³ | - | |
| 11 | Steh-/Liegeplätze | -/- | 12 | Sitzpl. einschl. Führpl. u. Nots. | 5 | |
| 13 | Maße über alles mm | L 4818 | B 1799 | H 1410 | | |
| 14 | Leergewicht Kg | 1720 | 15 | Zul. Gesamt-Gewicht Kg | 2250 | |

| | | | | | | | |
|---|---|---|---|---|---|---|---|
| 16 | Zul. Achslast Kg | v | 1155 | m | - | h | 1165 |
| 17 | Räder und/oder Gleisketten | 1 | 18 | Zahl der Achsen | 2 | 19 davon angetrieb. Achsen | 2 |
| 20 | Größenbezeichnung der Bereifung: vorn | 215/55R16 93V | | | | | |
| 21 | mitten u. hinten | 215/55R16 93V | | | | | |
| 22 | od. vorn | 235/45R17 93V | | | | | |
| 23 | mitten u. hinten | 235/45R17 93V | | | | | |
| | Überdruck am Bremsanschluß | 24 | Einleitungsbremse | 0,0 bar | 25 | Zweileitungsbremse | 0,0 bar |
| 26 | Anhängekupplung DIN740..-Form u. Größe | - | | | | | |
| 27 | Anhängekupplung Prüfzeichen | - | | | | | |
| 28 | Anhängelast Kg bei Anhänger mit Bremse | 1900 | 29 | bei Anhänger ohne Bremse | 750 | | |
| 30 | Standgeräusch dB(A) | 86 | 31 | Fahr-Geräusch dB(A) | 71 | | |
| 32 | Tag der ersten Zulassung | 11.09.2001 | | | | | 7 |
| 33 | Bemerkungen | ZIFF.13:HOCH BIS 1453 JE | | | | | |

NACH AUSR.*ZIFF.16:H.1225 B.ANH.BETR.*ZIFF.20 U.21 A.FELGE 7 1/2JX16H2,ET41 MM*ZIFF.22U.23 CONTINENTAL,DUNLOP SP-REIFENWERKE OD.PIRELLI A.FELGE 8JX17H2, ET37MM*ZIFF.20 BIS23 AUCH GEN.:235/45ZR17 BRIDGESTONE,GOOTYEAR OD.MICHELIN A.FELGE 8JX17H2,ET37MM*ZIFF.27 GEN.:E1 00-0002 FALLS WERKSEITIG MONTIERT*

***Bild 70:*** Alte Fahrzeugpapiere

| | | | | | |
|---|---|---|---|---|---|
| B | | 2.1 | 0999 | 2.2 | 383 00B1 |
| J | ~~81~~ | 4 | 0200 | | |
| E | WD1, WD2, WD3, WD4,... | 3 | | | |
| D.1 | | | | | |
| D.2 | 164 | | | | |
| | -- | | | | |
| | -- | | | | |
| | | | | | |
| D.3 | ML 320 CDI | | | | |
| 2 | DAIMLERCHRYSLER (D) | | | | |
| 5 | PERSONENKRAFTWAGEN | | | | |
| | GESCHLOSSEN | | | | |
| V.9 | -- | | | | |
| 14 | 98/69/EG III;B | | | | |
| P.3 | Diesel | | | | |
| 10 | 0002 | 14.1 | 0469 | P.1 | 2987 |

| | | | | | | | |
|---|---|---|---|---|---|---|---|
| L | 2 | 3 | 2 | P.2 P.4 | 165/3800 | T | 215 |
| 18 | 4780 - | | | 19 | 1900 - | | |
| 20 | 1735 - | | | G | 2185 - | | |
| 12 | 0 | 13 | 0 | Q | 0 | | |
| V.7 | 249 | F.1 | 2830 | F.2 | 2830 | | |
| 7.1 | 1400 | 7.2 | 1600 | 7.3 | 0 | | |
| 8.1 | 1400 | 8.2 | 1600 | 8.3 | 0 | | |
| U.1 | 77 | U.2 | 0 | U.3 | 74 | | |
| O.1 | 3500 | O.2 | 750 | S.1 | 5 | S.2 | 0 |
| 15.1 | 235/65R17 104V | | | | | | |
| 15.2 | 235/65R17 104V | | | | | | |
| 15.3 | -- | | | | | | |
| R | | 11 | | | | | |
| K | e1*2001/116*0315* | | | | | | |
| 6 | | 17 | | 16 | | | |
| 21 | | | | | | | |

22: ZU 18-20:L.BIS 4870,B.BIS 1960 U.H.BIS 1885*FZ ENTSPR.EG-RL:AC=KOMBILIMOUSINE*WW.AHK LT.EGTG/ABE*

***Bild 71:*** Neue Fahrzeugpapiere

Sobald jedoch schwere Geländewagen als Zugfahrzeug in Betracht kommen, wird es hinsichtlich der 4,25-t-Grenze schnell kritisch. Auch neuere Pferdeanhänger oder Autotransportanhänger „glänzen“ mit einer zulässigen Gesamtmasse von 2.500 kg und mehr – und machen den Führerschein der Klasse BE notwendig.

Wer also mit einer gewissen Wahrscheinlichkeit nicht nur kleine Anhänger bewegen möchte, sollte – gewissermaßen aus „Sicherheitsgründen“

– gleich die Klasse BE in Betracht ziehen. Wie die Beispiele gezeigt haben, kann, durch den späteren Kauf eines schwereren Zugwagens oder Anhängers, der Wert von 4.250 kg schnell überschritten werden. Und wer möchte die Ausbildung in einer Fahrschule schon zweimal durchlaufen, um aufstocken zu können?

### 4.1.2 Vorschriften der Straßenverkehrsordnung

Die wichtigsten Vorschriften der StVO beziehen sich auf die zulässigen Geschwindigkeiten beim Anhängerbetrieb. Anhänger dürfen außerhalb geschlossener Ortschaften mit maximal 80 km/h gefahren werden, sofern sie von Pkw oder von Lkw mit bis zu 3,5 t zulässiger Gesamtmasse gezogen werden. Bei anderen Zugfahrzeugen sind grundsätzlich nur 60 km/h erlaubt (§ 3 StVO). Auf der Autobahn dürfen alle Pkw- und Lkw-Anhängergespanne grundsätzlich höchstens 80 km/h fahren (§ 18 StVO), in gewissen Ausnahmefällen, die in Kapitel 4.2.2 behandelt werden, auch 100 km/h. Neben den Geschwindigkeitsvorschriften sind für Pkw-Anhängerzüge unter Umständen noch andere Vorschriften von Bedeutung wie z. B.:

- Züge, die länger als 7 m sind, müssen außerhalb geschlossener Ortschaften ständig so großen Abstand von dem vorausfahrenden Kraftfahrzeug halten, dass ein überholendes Kraftfahrzeug einscheren kann (§ 4 StVO).
- Für Kraftfahrzeuge mit Anhängern über 2 t zulässiger Gesamtmasse (kann in seltenen Fällen auch für Pkw-Anhänger zutreffen) ist innerhalb geschlossener Ortschaften in reinen und allgemeinen Wohngebieten, in Erholungsgebieten, in Kurgebieten und in Klinikgebieten das regelmäßige Parken in der Zeit von 22.00 bis 6. 00 Uhr sowie an Sonn- und Feiertagen unzulässig – außer auf entsprechend gekennzeichneten Parkplätzen (§ 12 Abs. 3a StVO).
- Kraftfahrzeuganhänger ohne Zugfahrzeug dürfen nicht länger als zwei Wochen geparkt werden, mit Ausnahme von entsprechend gekennzeichneten Parkplätzen (§ 12 Abs. 3b StVO). Dabei müssen sie mit Parkwarntafeln gesichert werden.
- Wenn Wartepflicht vor Bahnübergängen gegeben ist, haben Züge außerhalb geschlossener Ortschaften auf Straßen, auf denen sie von mehrspurigen Fahrzeugen überholt werden können und dürfen, schon unmittelbar nach der einstreifigen Bake (Zeichen 162) zu warten.
- Personenbeförderung in ein- oder doppelachsigen Wohnwagen und auf der Ladefläche von Pkw-Anhängern ist nicht zulässig (§ 21 Abs. 1 StVZO).

- An Sonn- und Feiertagen dürfen in der Zeit von 0.00 bis 22.00 Uhr keine Anhänger hinter Lastkraftwagen mitgeführt werden.
- Zu achten ist auf Verkehrszeichen, die mit den Zusatzschildern 743a „Lastkraftwagen mit Anhänger" oder 743b „Pkw mit Anhänger" versehen sind. Dies gilt vor allem für entsprechende Überholverbotbeschilderung (Zeichen 276).
- Auch beim Verkehrszeichen 277 (Überholverbotsschild nur mit Lkw-Symbol) ist zu beachten, dass es heißt: „Überholverbot für Kraftfahrzeuge mit einer zulässigen Gesamtmasse über 3,5 t einschließlich ihrer Anhänger". Davon ausgenommen sind lediglich Personenkraftwagen und Kraftomnibusse; nur solche dürfen an dieser Stelle überholen, obwohl die zulässigen Gesamtgewichte von Zugfahrzeug und Anhänger zusammen die 3,5-t-Grenze überschreiten. Dies ist für Wohnmobilfahrer oder Besitzer von Fahrzeugen bedeutsam, die auf „Lkw" haben umschreiben lassen. So kann beispielsweise ein VW-Bus – je nach Ausstattung – zu jeder der drei genannten Kategorien gehören.
- Beim Mitführen z. B. von Wohnanhängern können Zeichen, die das Befahren mit Fahrzeugen bestimmter Abmessungen (Breite, Höhe) verbieten, von Bedeutung sein. Bei derartigen Gespannfahrzeugen muss auch auf besondere Verkehrsbeschränkungen wie z. B. Verbote, bestimmte Passstraßen zu befahren, geachtet werden.

## 4.2 Zugzusammenstellung

### 4.2.1 Allgemeine Vorschriften zu Anhängelasten an Fahrzeugen

Nach § 42 StVZO darf die von Personenkraftwagen gezogene Anhängelast die zulässige Gesamtmasse nicht überschreiten; für Personenkraftwagen, die gemäß der EG-Richtlinie 70/156/EWG als Geländefahrzeuge einzustufen sind, sowie für Lastkraftwagen in Zügen mit durchgehender Bremsanlage (d. h. mit druckluftgebremstem Anhänger) gilt das 1,5-fache der zulässigen Gesamtmasse. Des Weiteren darf auch der vom Hersteller des ziehenden Fahrzeugs angegebene oder amtlich als zulässig erklärte Wert nicht überschritten werden. Ohne eigene Bremse dürfen Pkw-Anhänger nur mitgeführt werden, wenn das ziehende Fahrzeug Allradbremse und der Anhänger nur eine Achse hat. Werden einachsige Anhänger ohne ausreichende eigene Bremse mitgeführt, so darf die Anhängelast höchstens die Hälfte des um 75 kg erhöhten Leergewichts des ziehenden Fahrzeugs, aber nicht mehr als 750 kg betragen.

Für die Praxis ist wesentlich, dass die zulässigen Anhängelasten für gebremste und ungebremste Anhänger in der Zulassungsbescheinigung

Teil 1 unter Feld O.1 und O.2 bzw. im Fahrzeugschein und -brief unter den Ziffern 28 und 29 zu finden sind. Es empfiehlt sich, diese zulässigen Anhängelasten – zumindest im Dauerbetrieb – nicht voll auszunutzen. Geringere Anhängelasten verbessern das Fahrverhalten des Zuges (siehe auch 4.3) und schonen vor allem das ziehende Fahrzeug.

Einige Pkw-Hersteller lassen auf Wunsch für Sonderfälle höhere Anhängelasten als die in den Fahrzeugpapieren angegebenen normalen Anhängelasten zu. Über solche erhöhten Anhängelasten und eventuelle Ausnahmegenehmigungen von § 42 StVZO, die von den zuständigen Obersten Landesbehörden entsprechend § 70 StVZO erteilt werden können, geben die Typprüfstellen und die Fahrzeughersteller Auskunft. In jedem Fall müssen Anhängelasterhöhungen in der Zulassungsbescheinigung Teil 1 bzw. im Fahrzeugbrief und -schein eingetragen sein (Prüfstellenabnahme und Eintragung durch die Zulassungsstelle).

Bei manchen Pkw müssen bei Anhängerbetrieb stärkere elektrische Kühlerventilatoren oder größere Kühler eingebaut werden. Sinnvoll für Zugwagen sind verstärkte Federn und Stoßdämpfer an der Hinterachse oder – noch besser – niveauregelnde Einrichtungen. Viele Firmen liefern heute spezielle Mehrausstattungen für Pkw zum Anhängerbetrieb. Von solchen Möglichkeiten sollte man Gebrauch machen, wenn beim Pkw-Neukauf feststeht, dass man mit Anhänger fahren will. In einem solchen Fall ist auch die Ausrüstung mit einer Anhängevorrichtung (Kugelkupplung) schon beim Hersteller empfehlenswert. Bei nachträglichem Anbau einer solchen Anhängevorrichtung sind die Vorführung bei einer Prüfstelle und der Weg zur Zulassungsstelle im Allgemeinen unumgänglich.

### 4.2.2 Tempo-100-km/h-Genehmigung für Fahrzeuge mit Anhängern

Nachdem der Verordnungsgeber zunächst einmal Reisebussen unter bestimmten Bedingungen die Möglichkeit eingeräumt hatte, sich mit maximal 100 km/h auf Autobahnen und Kraftfahrstraßen zu bewegen, wuchs auch auf Seiten der Gespannfahrer – vornehmlich Pkw- und Wohnmobilfahrern – der Wunsch, mehr als 80 km/h auf diesen Straßen fahren zu dürfen.

Denn nicht nur bei Kraftomnibussen, sondern auch beim Bau von kleineren Kraftfahrzeugen und Anhängern hat der technische Fortschritt seinen Niederschlag gefunden. Leistungsfähigere Reifen, Schräglenkerachsen in Anhängern oder Bremsen mit Antiblockiersystemen in Kraftfahrzeugen sollen hier nur beispielhaft als Stichworte genannt werden.

Daher wurde die Straßenverkehrsordnung dahingehend erweitert, dass gewissen Kombinationen von Fahrzeugen mit Anhängern bei Vorliegen bestimmter Voraussetzungen gestattet wird, ebenfalls mit maximal 100 km/h Autobahnen und Kraftfahrstraßen zu befahren.

Dazu ist ein Gutachten eines Sachverständigen oder Prüfingenieurs einer amtlich anerkannten Überwachungsorganisation (z. B. des TÜV) erforderlich, in welchem dieser bestätigt, dass die weiter unten aufgeführten Kriterien von einer bestimmten Zugfahrzeug-Anhänger-Kombination erfüllt werden. Ausnahme: Es liegt eine Freigabe des Anhängerherstellers vor, mit dem für den jeweiligen Anhänger fahrgestellnummernbezogen die Kriterien bestätigt werden.

Unter Vorlage dieses Gutachtens bzw. dieser Freigabe kann danach beim zuständigen Straßenverkehrsamt die Tempo-100-km/h-Genehmigung beantragt werden. Mit der Genehmigung wird die große abgesiegelte Tempo-100-km/h-Plakette für die Rückseite des Anhängers ausgehändigt.

### Voraussetzungen allgemein

Die Kriterien: Das Zugfahrzeug muss grundsätzlich ABS besitzen und der Anhänger muss für 100 km/h gebaut sein. Die Reifen müssen von ihrer Nenntragfähigkeit für die zulässige Achslast ausreichen, bis mindestens 120 km/h zugelassen und nicht älter als sechs Jahre sein.

Das ist insofern von Bedeutung, weil es grundsätzlich möglich ist, Pkw-Reifen auf Anhängern bis zu 10 % über ihre Nenntragfähigkeit hinaus zu belasten; diese Möglichkeit wird auch von verschiedenen Anhängerherstellern genutzt. Nur steht diese Verfahrensweise einer Tempo-100-km/h-Genehmigung im Wege. Allerdings kann man in einem solchen Fall prüfen, ob nicht alternativ Reifen höherer Tragfähigkeit erhältlich oder genehmigungsfähig sind. Bevor Sie jedoch zur Tat schreiten, sollten Sie sicherheitshalber vor dem Kauf neuer teurer Reifen einen Sachverständigen ihres Vertrauens zu Rate ziehen.

Bei den weiteren Beurteilungsgesichtspunkten ist zwischen gebremsten und ungebremsten Anhängern zu unterscheiden.

### Ungebremste Anhänger

Für ungebremste Anhänger gilt: Die zulässige Gesamtmasse des Anhängers darf nicht mehr als 30 % des Leergewichts des Zugfahrzeugs betragen.

Nachfolgend ein kurzes Beispiel: Ein Pkw in der Größe eines Golfs oder Astras besitzt ein Leergewicht von 1.300 kg, eine zulässige Gesamtmasse von 1.800 kg. Der ungebremste Anhänger besitzt ein Leergewicht von 150 kg, eine zulässige Gesamtmasse von 400 kg. Nun zur Rechnung: 30 % von 1.300 kg (= Leergewicht) sind 390 kg. Damit ist die zulässige Gesamtmasse des Anhängers höher als das 0,3-Fache des Leergewichts des Zugfahrzeugs, eine Tempo-100-km/h-Genehmigung ist somit nicht möglich. Als Auswege bieten sich an: Herabsetzung der zulässigen Gesamtmasse des Anhängers auf höchstens 390 kg oder als Zugfahrzeug ein Auto nehmen, welches ein Leergewicht von mindestens 1.334 kg besitzt.

### Gebremste Anhänger

Für gebremste Anhänger gilt: Die zulässige Gesamtmasse des Anhängers darf nicht mehr als 110 % des Leergewichts des Zugfahrzeugs betragen. Bei Wohnanhängern liegt dieser Wert aufgrund des hoch liegenden Schwerpunkts und der großen Windangriffsfläche nur bei 80 %.

Die Berechnung erfolgt analog der Beispielrechnung zum ungebremsten Anhänger. Damit beträgt für ein Zugfahrzeug mit einem Leergewicht von 1.500 kg, wie etwa bei einem Pkw in der Größe eines Passats oder Mondeos, unter dem Gesichtspunkt der Tempo-100-km/h-Genehmigung die höchstmögliche zulässige Gesamtmasse eines Wohnwagens 1.200 kg. Zusätzlich muss der gebremste Anhänger mit hydraulischen Schwingungsdämpfern (landläufig Stoßdämpfer genannt) ausgerüstet sein.

Verfügt das Zugfahrzeug über ein Anhänger-ESP oder der Anhänger über ein eigenes ESP oder ist statt der Standard-Anhängerkupplung eine sogenannte „Zugkugelkupplung mit Stabilisierungseinrichtung“ nach ISO 11555-1 verbaut, betragen die zulässigen Gesamtmassen im Falle von Wohnwagen 100 % des Leergewichts des Zugfahrzeugs, bei anderen Anhängern sogar 120 %.

Als Anhänger-ESP bezeichnet man ein Sicherheitssystem in Form eines elektronischen Stabilitätsprogramms, welches das gefährliche Aufschaukeln eines Gespannes erkennen und durch einen Bremseneingriff entschärfen kann (Bild 72). Das Vorhandensein einer solchen Einrichtung kann man dem Textfeld des Fahrzeugscheines bzw. der Zulassungsbescheinigung Teil I entnehmen.

Zu den „Zugkugelkupplungen mit Stabilisierungseinrichtung“ mehr in Kapitel 4.3.3.

Zum Schluss dieses Kapitels noch zwei Anmerkungen: Die für Fahrzeuge (Pkw oder Anhänger) maßgeblichen Werte zur Berechnung der Gewichts-

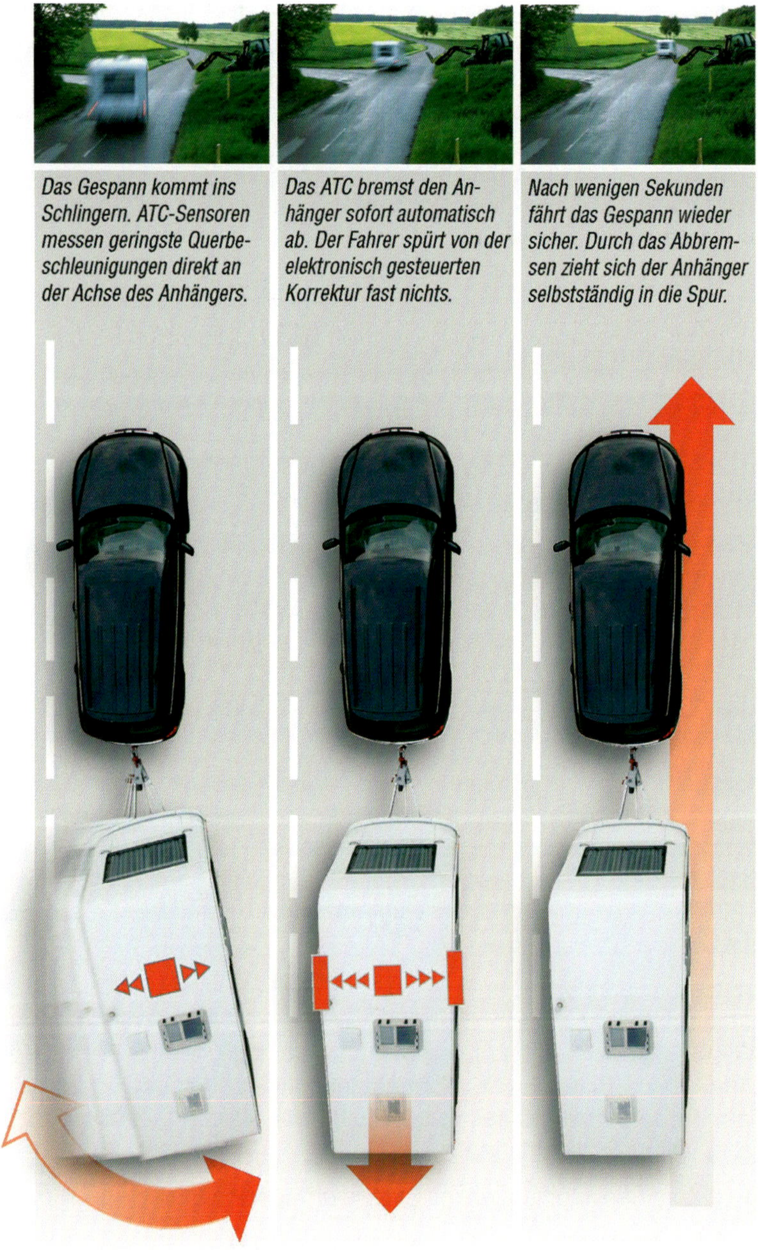


***Bild 72:*** Anti-Schleudersystem für Wohnanhänger

verhältnisse können den Fahrzeugpapieren, z. B. dem Fahrzeugbrief oder Fahrzeugschein bzw. der Zulassungsbescheinigung Teil I, entnommen werden. Maßgeblich sind allein die unter Ziffer 14 und 15 (im alten Fahrzeugschein) bzw. in Feld O.1 und O.2 (in der neuen Zulassungsbescheinigung Teil I) eingetragenen Werte. Eine erteilte Genehmigung gilt nur für die jeweils geprüfte Zugfahrzeug-Anhänger-Kombination. Eine Änderung des Zugfahrzeugs oder Anhängers macht ein erneutes Gutachten und eine neue Genehmigung notwendig.

## 4.3 Fahrverhalten und Fahrtechnik

### 4.3.1 Beurteilungskriterien für das Fahrverhalten

Die Fahreigenschaften eines Pkw-Anhängerzuges sind im Allgemeinen wesentlich schlechter als die des Solo-Pkw. Da Zugfahrzeug und Anhänger vom Gewicht und den Abmessungen her gesehen häufig die gleiche Größenordnung aufweisen, beeinflussen sich beide Fahrzeuge stark gegenseitig und bewirken so typische Gespannsituationen, die schon bei üblichen Geschwindigkeiten gefährlich werden können, zumindest aber den Fahrkomfort beeinträchtigen. Die negativen Eigenschaften des Gespannbetriebs können nur eingegrenzt werden, wenn eine gewisse Kompatibilität von Pkw und Anhänger gegeben ist, d. h. bestimmte Konstruktionsmerkmale und Eigenschaften beider Fahrzeuge müssen aufeinander abgestimmt sein.

Bei der Festlegung der zulässigen Anhängelasten berücksichtigt der Gesetzgeber zurzeit nur einige der für das Zugfahrverhalten wichtigen Fahrzeugparameter. So ist entsprechend unseren nationalen Vorschriften das Massenverhältnis zwischen Zugfahrzeug und Anhänger das Hauptbeurteilungskriterium. Durch eine Beurteilung des Steigvermögens des Zuges wird indirekt auch eine gewisse Mindestmotorleistung gefordert. International wurde der Entwurf einer ECE-Regelung zur Prüfung von Wohnanhängern bekannt [15]. Sinn dieser Regelung soll sein, durch Konstruktionsvorschriften und begleitende Fahrversuche ein ausreichendes Fahrverhalten der Wohnanhänger hinter verschiedenen Zugfahrzeugen sicherzustellen. Je differenzierter man in Zukunft die Prüfverfahren zur Ermittlung der zulässigen Anhängelasten im Hinblick auf ein sicheres Zugverhalten macht, umso mehr wird man auch verkehrsrechtliche Freizügigkeit – z. B. höhere zulässige Gespanngeschwindigkeiten – gewähren können. Solche Freizügigkeit ist sonst nur möglich, wenn man einem bestimmten Zugwagen einen bestimmten Anhänger zuordnet.

Zur Analyse des Fahrverhaltens von Zügen lassen sich folgende Einzelbereiche betrachten:

- Traktionseinflüsse, Verhalten auf Steigungen
- Verhalten bei Geradeausbremsung
- Bremsen in der Kurve
- Höchstgeschwindigkeitsstabilität (kritische Geschwindigkeit)
- aerodynamisches Störverhalten bei Anhängern mit großen Aufbauflächen (z. B. Wohnanhängern)
- Schwingungsverhalten (Fahrkomfort)

Diese einzelnen Bereiche des Fahrverhaltens wurden in den vergangenen Jahren in einigen Forschungsarbeiten untersucht, z. B. in [16–27]. Die Arbeiten dienten vor allem dazu, Erkenntnisse entweder für den Gesetzgeber (z. B. Festlegung der zulässigen Anhängelasten) oder für die Hersteller der Fahrzeuge (Gestaltung der Konstruktionsparameter) zu liefern. Viele der Forschungsergebnisse sind aber auch für diejenigen interessant, die mit Fragen der richtigen Fahrzeugauswahl und -kombination sowie Problemen des Gespannbetriebes in der Praxis befasst sind. Für wissenschaftlich Interessierte sei auf eine ausführliche Literaturdarstellung in [28] verwiesen.

Eine wichtige Beurteilungsgröße für den Gespannbetrieb ist die sogenannte „kritische Geschwindigkeit“. Bei jeder Fahrt mit einem Pkw-Anhängerzug regen Störungen wie Windböen, Ausweichmanöver und Fahrbahnunebenheiten Schwingungen an, die mit zunehmender Fahrgeschwindigkeit immer langsamer abklingen. Bei der jeweiligen gespannspezifischen „kritischen Geschwindigkeit“ wird die Dämpfung gleich null, d. h. bei noch höheren Geschwindigkeiten wird der Zug instabil, die Schwingungen können sich aufschaukeln. Die Bemühungen müssen also darauf gerichtet sein, durch Gestaltung der Einzelfahrzeuge und die richtige Zugzusammenstellung diese kritische Geschwindigkeit anzuheben. Zwischen zulässiger und kritischer Geschwindigkeit sollte ein deutlicher Sicherheitsbereich liegen. Einige der im Folgenden aufgezählten Fahrzeugparameter haben einen deutlichen Einfluss auf die Fahrstabilität und die kritische Geschwindigkeit.

Die meisten dieser Parameter sind vom Fahrer nicht beeinflussbar bzw. vom Käufer eines Anhängers kaum zu beurteilen. Auf zwei der genannten Punkte möchte ich dennoch eingehen:

- Eine breitere Spur mindert Radlastschwankungen bei Kurvenfahrt oder aufkommenden Pendelschwingungen und wirkt sich auf die Fahrstabilität zweifelsohne positiv aus.

- Ein relativ kleiner Größenunterschied zwischen Zugfahrzeug und einem großvolumigen Anhänger wirkt der Entlastung des Kupplungspunktes entgegen und verbessert somit die Fahrstabilität. Als Beispiel möchte ich einen Van vor einem Wohnanhänger anführen.

### 4.3.2 Einflussgrößen beim Zugfahrzeug

#### Antriebsleistung

Die erforderliche Zugkraft liegt bei einem Gespann erheblich höher als beim Solobetrieb, weil sich bei 80 km/h der Rollwiderstand fast verdoppelt und der Luftwiderstand – in etlichen Fällen z. B. bei Wohnanhängern – etwa verdreifacht. Der Kraftstoffverbrauch kann sich dementsprechend um ca. 50 % erhöhen. Ein Zugwagen sollte möglichst so viel Leistung haben, dass mit dem Gespann die auf Autobahnen übliche Steigung von 4 % mit 80 km/h gefahren werden kann. Größere Mittelklassewagen schaffen das heute meist, wenn sie Anhängelasten schleppen, die maximal etwa 75 % vom Zugfahrzeuggewicht betragen. Kleinere oder dieselbetriebene Zugwagen sind oft jedoch bei dieser geforderten Fahrleistung nur in der Lage, etwa 60 % ihres Gewichtes als Anhängelast zu schleppen, bzw. sie müssen bei zulässiger Anhängelast erheblich langsamer fahren. Als Richtwert für gute Fahrleistungen kann 20 kW/t = 27 PS/t Zuggewicht (tatsächliches Gewicht des Pkw und des Anhängers einschließlich Insassen und Ladung) angegeben werden. Gute Zugwagen haben großvolumige Motoren, deren größtes Drehmoment bereits bei niedrigen Drehzahlen zur Verfügung steht. Richtige Getriebeauslegung ist dann vorhanden, wenn der Motor zwischen 70 und 90 km/h bei eingelegtem 4. Gang sein volles Drehmoment abgibt. Ein lang übersetzter 5. Gang zum Sparen taugt für den Anhängerbetrieb in der Regel nicht. Empfehlenswert sind Automatikgetriebe, die vor allem den Anfahrvorgang mit dem Gespann problemloser (Verschleiß bei Schaltgetrieben mit Reibungskupplung!) gestalten.

Die Alternative zu hoher Motorleistung, um genügend Gespannfahrleistung zu erzielen, ist geringes Zuggewicht. Dieser Alternative sind natürlich enge Grenzen gesetzt, will man große Nutzlasten transportieren.

#### Bremsen

Beim Bremsen wird durch die Massenkraft beim Solo-Pkw die Vorderachse belastet, die Hinterachse entlastet. Dies wird konstruktiv bei der Bremskraftverteilung auf Vorder- und Hinterachse so berücksichtigt, dass ein zu frühes Überbremsen einer Achse vermieden wird. Beim Gespannbetrieb passt diese Bremskraftverteilung jedoch nicht: Die Pkw-Hinterachse wird über die Anhängerkupplung belastet, die Vorderachse entlastet. Die Folge ist Überbremsen der Vorderachse mit Verlust an Lenkfähigkeit. Die theoretisch mögliche Bremskraft der Hinterachse wird im Gespannbetrieb dagegen nicht voll ausgenutzt. Insgesamt ist somit die Bremsfähigkeit des Gespanns gegenüber dem Solo-Pkw erheblich schlechter (bis zu 30 %). Bessere Verhältnisse erzielt man mit beladungsabhängigen Bremskraftverteilungen. Bremskraftminderer an der Hinterachse bringen allerdings im Gespannbetrieb keine nennenswerte Verbesserung.

Beim Bremsen in der Kurve drängt der Pkw bei blockierenden Rädern von der ursprünglichen Kreisbahn weg nach außen, wobei der Anhänger noch kurze Zeit auf dem Kreisbogen bleibt. Dadurch verringert sich der sogenannte Knickwinkel, er kann sogar negativ werden.

Grundsätzlich verbessert werden kann das Zugbremsverhalten, wenn das Zugfahrzeug mit einem Antiblockiersystem (ABS) ausgestattet ist. Das vorzeitige Blockieren der Vorderräder wird vermieden. Mit größeren Schräglaufwinkeln an den Rädern muss jedoch beim Gespannbetrieb gerechnet werden.

Besonders wenn die Fahrbahnoberflächen glatt sind, besteht allerdings bei den ABS-Fahrzeugen die Gefahr, dass die Auflaufkraft relativ hoch wird und die Räder des Anhängers blockieren.

### Masse und Massenverteilung

Ein im Verhältnis zum Anhänger schweres Zugfahrzeug beeinflusst das Fahrverhalten positiv. Das gilt vor allem für die Querdynamik (Geradeauslaufstabilität, Pendelschwingungen). Ausschlaggebend ist aber weniger die Größe der Fahrzeugmasse als vielmehr die Massenverteilung oder besser gesagt das Trägheitsmoment um die Fahrzeughochachse. Bei ähnlicher Bauart und Konzeption des Kraftfahrzeugs bietet das schwerere bessere Voraussetzungen für die Vermeidung kritischer Schwingungszustände.

### Radstand

Je größer der Radstand beim Zugfahrzeug, desto besser das Fahrverhalten des Gespannes. Nach [29] wurde bei einem um 360 mm höheren Radstand (zwei Fahrzeuge mit sonst gleichem Fahrwerk und Massenträgheitsmoment) eine Erhöhung der kritischen Geschwindigkeit von 100 auf 115 km/h ermittelt.

## Abstand Hinterachse – Kupplungspunkt (Überhang)

Der Abstand Hinterachse – Kupplungspunkt beeinflusst das Fahrverhalten erheblich. Bei kleineren Überhängen werden die Querbewegungen des Kupplungspunktes geringer, die Dämpfung der Pendelschwingungen wird größer und die kritische Fahrgeschwindigkeit erhöht sich. Da bei kleinem Überhang und langem Radstand die Vertikalkräfte im Kupplungspunkt geringer werden, verbessert sich auch das Bremsverhalten des Zuges.

## Viergelenk-Anhängerkupplung

*Bild 73:* Viergelenk-Kugelkupplung in Versuchsausführung

Die TÜV Rheinland Group führte Versuche mit einer Viergelenk-Anhängerkupplung durch, die von den Firmen AL-KO, Daimler-Benz und Oris entwickelt wurde (Bild 73). Diese Verbindungseinrichtung ist so konstruiert, dass der effektive Drehpunkt zwischen Zugfahrzeug und Anhänger ganz dicht an der Hinterachse liegt, d. h. der wirksame Überhang des Kupplungspunktes ist sehr gering, wodurch sich das Fahrverhalten des Zuges erheblich verbessert (Bild 74). Die kritische Fahrgeschwindigkeit liegt wesentlich höher.

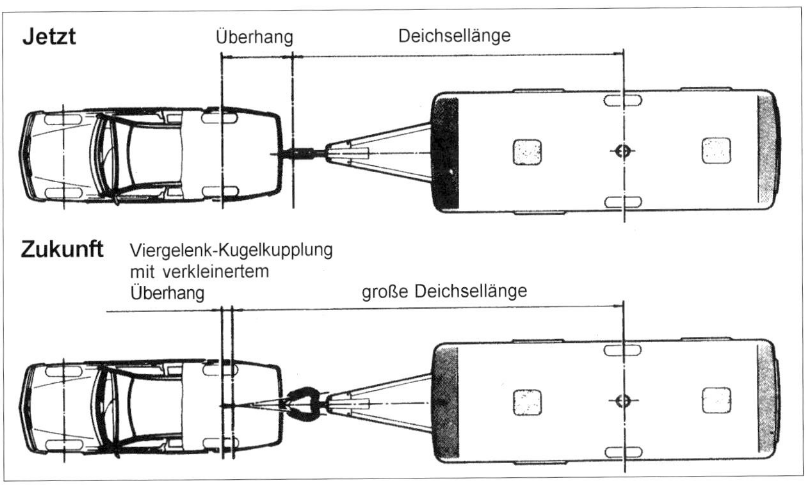


*Bild 74:* Kinematikvergleich zwischen normaler Kugelkupplung und Viergelenk-Kugelkupplung

An der Entwicklung dieser Kupplung zur Serienreife wird auch bei anderen Herstellern intensiv gearbeitet.

**Sonstige Einflussgrößen**

Von den sonstigen Einflussgrößen des Zugfahrzeugs auf das Fahrverhalten sind noch zu erwähnen:

- die Bereifung (Luftdruck, Dimension, Bauart),
- die Kupplungspunkthöhe (Niveauregelung),
- die Antriebsart (Antrieb der Vorderachse, Hinterachse oder Allradantrieb).

Bis auf den Reifenluftdruck entziehen sich diese in der Regel dem Einfluss des Fahrzeughalters oder -fahrers.

Ausreichender Reifenluftdruck jedoch, der sich an der oberen Grenze des Zulässigen orientiert, vermindert die Walkarbeit der Reifen, minimiert den Reifenverschleiß und wirkt sich positiv auf das Fahrverhalten des Gespanns aus.

### 4.3.3 Einflussgrößen beim Anhänger

**Masse, Massenverteilung und Stützlast**

Mit im Verhältnis zum Zugfahrzeug geringer werdender Anhängermasse verbessert sich das Fahrverhalten des Zuges. Bei vorgegebenem Anhängergewicht sollte die Massenverteilung möglichst zum Fahrzeugschwerpunkt hin konzentriert werden. Massenverteilung zu den Fahrzeugenden begünstigen beim Anhänger durch eine Vergrößerung des Trägheitsmomentes Pendelschwingungen. Wissenswert ist, dass das Gierträg-heitsmoment um die Fahrzeughochachse bei vielen Anhängern mit größer werdender Masse überproportional zunimmt, ein zusätzlicher Grund dafür, dass das Fahrverhalten größerer Anhänger schlechter ist.

Der Fahrzeugschwerpunkt soll vor der Anhängerachse liegen, sodass sich eine Stützlast am Kupplungspunkt ergibt. Nach [29] bringt eine Stützlast von 50 kg im Vergleich zu 0 kg eine erhebliche Erhöhung der kritischen Geschwindigkeit (in einem Versuchsbeispiel waren es 20 km/h). Bei weiterer wesentlicher Erhöhung der Stützlast ist der Gewinn jedoch nicht mehr so ausgeprägt, was u. a. mit der gleichzeitigen stärkeren Zunahme des Gierträgheitsmoments des Anhängers bei der höheren Stützlast zusammenhängt. Ein Überschreiten der maximal zulässigen Stützlasten ist in jedem Fall zu vermeiden.

### Deichsellänge

Sowohl in der Rechnung als auch im Versuch wurde der deutlich positive Einfluss größerer Deichsellängen vor allem auf die Querdynamik der Gespanne nachgewiesen.

### Reifen

Die Traglastausnutzung der Anhängerreifen ist von wesentlichem Einfluss auf die Fahrstabilität. Die Wichtigkeit des korrekten Luftdrucks in Wohnanhängerreifen wurde in Versuchen der TÜV Rheinland Group demonstriert [25].

Bezüglich des Reifenluftdrucks sollte man wissen, dass nur bei dem für einen Reifen maximal zulässigen Druck die Nenntragfähigkeit auch tatsächlich erreicht wird. Und diese Nenntragfähigkeit – in einigen Fällen sogar noch etwas mehr – wird gerade bei Anhängerachsen recht häufig ausgenutzt.

Zu niedriger Reifenluftdruck führt zu erhöhtem Verschleiß und zur Überhitzung des Reifens. Während Ersteres sich nur in geringerer Reifenlebensdauer bemerkbar macht, kann eine Überhitzung zu schlagartigem Reifenversagen und damit unter ungünstigen Umständen zu einem Unfall führen.

### Fahrwerkeigenschaften

Die heute noch weit verbreiteten Anhängerachsbauarten mit Längslenkern sind schon rein überlegungsmäßig den modernen Pkw-Achskonstruktionen hinsichtlich der Fahrstabilität unterlegen. Während beim Pkw Schwerpunkthöhen von rund 500 mm gemessen werden, liegen diese bei beladenen Anhängern je nach Bauart bis zu ca. 2.000 mm hoch (Wohnanhänger). Die Längslenkerachsen haben dabei einen sehr großen Wankhebelarm, d. h. zur Vermeidung zu großen Wankens ist man zu sehr großen Federsteifigkeiten gezwungen, was sich ungünstig auf das Schwingungsverhalten und die dynamischen Radlastschwankungen auswirkt.

Bei den heutzutage in Wohnanhängern häufig verbauten Schräglenkerachsen liegt ein Vorteil darin, dass das Momentanzentrum in die Höhe des Anhängerkuppelpunktes des Pkw verlagert wird, wodurch das Fahrverhalten des Zuges positiv beeinflusst wird [3]. Insbesondere Tandemachsen mit Einzelradaufhängung erwiesen sich als stärker gedämpft bei Spurwechsel und Lenkimpulsen [25].

## Bremsen

Pkw-Anhängerzüge mit gebremsten Anhängern sind solchen mit ungebremsten Anhängern im Bremsverhalten erheblich überlegen. Nach [30] ist bei ungebremsten Anhängern der beste erreichbare Gütegrad der Zugabbremsung bei allen Belastungszuständen niedriger als der schlechteste Gütegrad beim gebremsten Anhänger. Ein Pkw-Anhängerzug sollte als Mindestabbremsung die gesetzlich vorgeschriebenen Mindestwerte für den Einzel-Pkw erreichen. Dies ist etwa gewährleistet, wenn das Gewicht des Anhängers ohne eigene Bremse ein Drittel des Leergewichtes des ziehenden Fahrzeugs nicht überschreitet.

Mit den heute üblichen auflaufgebremsten Anhängern können bei allen Beladungszuständen und üblichen Massenverhältnissen ausreichend hohe Abbremsungswerte erzielt werden. Besonders Züge mit frontgetriebenen Zugfahrzeugen weisen allerdings bei voller Beladung einen relativ schlechten Gütegrad auf. Bei leichteren auflaufgebremsten Anhängern ist der kritische Punkt eher die Gefahr des Überbremsens der Anhängerachse. Ausgeprägt ist diese Gefahr bei ABS-gebremsten Zugfahrzeugen, die zu relativ hohen Auflaufkräften führen können. Für die Zukunft wünschenswert sind deshalb Auflaufbremsen mit einstellbarer Bremskraftübersetzung. Eine noch erwähnenswerte Einflussgröße auf das Zugbremsverhalten ist die Schwerpunkthöhe des Anhängers. Hohe Aufbauten (z. B. Wohnanhänger) oder Ladungen wirken sich auf das Bremsverhalten des Zuges ungünstig aus.

## Stabilisierungseinrichtung

Einrichtungen an der Zugvorrichtung, die die freie Drehbewegung des Anhängers um den Kupplungspunkt hemmen und die Pendelschwingungen des Anhängers dämpfen, können das Fahrverhalten verbessern (Bild 75). Es sollen jedoch nur Einrichtungen verwendet werden, die das Bremsverhalten des Anhängers nicht beeinflussen.

***Bild 75:*** Einrichtungen zur Dämpfung der Anhänger-Pendelschwingungen

Hierzu gibt es einige ausgereifte Lösungen auf dem Markt, welche die kritische Geschwindigkeit eines Zuges um bis zu 20 km/h anheben können. Je nach Konstruktion werden nicht nur die Querschwingungen, die sich in einem Aufschaukeln des Anhängers bemerkbar machen, sondern auch die Nickschwingungen gedämpft, was für Fahrer und Passagiere einen Komfortgewinn mit sich bringt.

Stellvertretend für Hersteller von Einrichtungen dieser Art sind die Firmen AL-KO, Westfalia oder Winterhoff zu nennen, wobei die Aufzählung weder den Anspruch auf Vollzähligkeit erhebt, noch die Reihenfolge der Nennung eine Wertung darstellen soll.

Manchmal ist zu beobachten, dass bei Verwendung von Anhängern ohne Stabilisierungseinrichtung die Kupplungskugel an der Anhängerkupplung des Zugfahrzeugs gefettet ist. Dies muss bei Verwendung derartiger Systeme jedoch unbedingt vermieden werden. Die Bremsbeläge der Stabilisierungskupplung würden „wie geschmiert" arbeiten – also weitgehend wirkungslos werden. Eine fettfreie Kupplungskugel ist hier absolute Notwendigkeit.

**Sonstige Einflussgrößen**

Es gibt noch andere Konstruktionsparameter an Pkw-Anhängern, die das Fahrverhalten beeinflussen, wie z. B.

- Deichselelastizität,
- Spurweite,
- Windangriffsfläche, Druckpunkt sowie Luftwiderstand des Aufbaus (wichtig bei großen und relativ leichten Aufbauten wie z. B. bei Wohnanhängern),
- Federung und Dämpfung der Radbewegungen,
- Elastizität in der Radaufhängung.

Diese entziehen sich weitgehend dem Einfluss des Fahrzeughalters. Eine Ausnahme kann unter Umständen ein Planenanhänger darstellen. Bei unbeladenem Anhänger sowie einer Plane, die an Vorder- und Rückseite zu öffnen ist, lässt sich der Luftwiderstand durch das Öffnen beider Planen erheblich verringern; der Planenanhänger wirkt auf den Wind nicht wie eine Wand, sondern wie ein Tunnel.

Anhänger mit nach hinten offenem Laderaum – ähnlich einer nach hinten offenen Halbkugel – weisen nach den Erkenntnissen der Strömungslehre den höchstmöglichen Luftwiderstand auf, höher noch als ein rundum geschlossener Aufbau; wenn möglich, sollte die Rückwand oder rückseitige Plane also geschlossen sein.

Im Übrigen können in vielen Fällen – soweit noch nicht geschehen – Stoßdämpfer an der Anhängerachse nachgerüstet werden. Der Anhänger liegt ruhiger auf der Straße und regt das Gespann weniger stark zu Pendelschwingungen an.

### 4.3.4 Fahrtechnische Tipps

#### Für den Anfänger

Diese Hinweise richten sich an alle Fahrer, die noch keine Erfahrung im Fahren mit Anhängern besitzen, wie die meisten Inhaber der alten Fahrerlaubnis Klasse 3 oder der EG-Fahrerlaubnis der Klasse B.

Gespannfahren unterscheidet sich vom Solo-Pkw-Betrieb erheblich. Vorsicht ist deshalb bei erstmaliger Fahrt mit einem Anhänger geboten. Kurvenfahren, Bremsen und Rückwärtsfahren sollten am Anfang eines Übungsprogramms stehen. An höhere Geschwindigkeitsbereiche sollte man sich in Stufen herantasten. Dabei ist daran zu denken, dass sich leere und beladene Anhänger unterschiedlich verhalten.

Üblicherweise werden im Kraftfahrzeugbrief und -schein bzw. in der Zulassungsbescheinigung Teil 1 und Teil 2 zwei zulässige Anhängelasten, eine für gebremste und eine für ungebremste Anhänger, ausgewiesen. Die Mehrkosten für gebremste Ausführungen sollte man wegen der meist erheblich höheren zulässigen Gewichte nicht scheuen. Dem Feld O.1 kann man die gebremste und dem Feld O.2 die ungebremste Anhängelast entnehmen. In Fahrzeugpapieren alter Art sind dies die Ziffern 28 und 29. Unter Umständen können im Freitextfeld 22 (früher: Ziffer 33) weitere wichtige Angaben enthalten sein: Zum Beispiel erhöhte Anhängelasten bei reduzierten Steigungen von 10 % oder 8 %, oder Zuggesamtgewichte, die nicht überschritten werden dürfen. Dazu ein einfaches Beispiel: Ein Mittelklasse-Pkw soll ein Leergewicht (einschließlich Fahrer) von 1.500 kg haben, eine zulässige Gesamtmasse von 2.000 kg aufweisen, in Feld O.2 eine Anhängelast von 1.500 kg bei 12 % Steigung erlauben und in Feld 22 auf ein Zuggesamtgewicht von 3.000 kg beschränkt sein. Dieser Pkw kann die Anhängelast von stolzen 1.500 kg nur nutzen, solange sich alleine der Fahrer im Personenwagen befindet. Nutzt der Fahrer jedoch die mögliche Zuladung des Wagens in Form von Mitfahrern oder Gepäck aus, stehen 2.000 kg auf der Straße und die zulässige Anhängelast fällt auf vergleichsweise magere 1.000 kg. Denn das tatsächliche Gesamtgewicht von Zugwagen und Anhänger darf 3.000 kg nicht überschreiten! Da dieser Fall gar nicht so selten auftritt, lohnt sich ein Blick in das „Kleingedruckte“ auf jeden Fall.

Bei häufigerem Gebrauch oder erschwerten Bedingungen wie Bergfahrten sind mehr als 70 % bis 80 % der maximal möglichen Anhängelast nicht ratsam. Hohe Außentemperaturen, Fahrten in großen Höhen, lange starke Steigungen – d. h. eine hohe Motorlast bei vergleichsweise geringer Fahrgeschwindigkeit und damit Kühlung – stellen eine besondere Belastung für den Zugwagen dar.

An dieser Stelle ein Tipp: Die in den Fahrzeugpapieren angegebenen Anhängelasten gelten nur für Höhen bis 1.000 m über dem Meeresspiegel. Da mit zunehmender Höhe durch die abnehmende Luftdichte die Motorleistung sinkt und damit auch die Steigfähigkeit abnimmt, sollte deshalb pro angefangene 1.000 m weiterer Höhenzunahme das Gespanngewicht um 10 % verringert werden.

## Kurvenfahren

Ein Gespann fährt andere Kurvenradien als der Solo-Pkw. Im Rückspiegel ist das Nachlaufen des Anhängers besonders beim Befahren enger Kurven zu beobachten, um z. B. bei einer Rechtskurve das Überfahren des Bordsteins mit dem kurveninneren Anhängerrad zu vermeiden. Einlenken beim Kurvenfahren mit höherer Geschwindigkeit soll weich und nicht abrupt erfolgen, um das Anfachen von Pendelschwingungen zu vermeiden.

Eine besondere Form des Kurvenfahrens stellt das Rückwärtsrangieren eines Gespannes dar. Vor allem die Notwendigkeit, eine Kurvenfahrt mit einer gegensinnigen Lenkbewegung einzuleiten, sorgt bei ungeübten Anhängerpiloten für Stress.

Angehende Gespannfahrer oder solche Gespannfahrer, die ein wenig aus der Übung gekommen sind, sollten sich nicht scheuen, an einem Gespanntraining teilzunehmen, wie es von Automobilclubs angeboten wird, oder einfach bei einem Fahrlehrer ihres Vertrauens anfragen. Fahrlehrer sind nämlich nicht nur für Führerscheinbewerber da, sondern helfen auch gerne, wenn Übung fehlt oder abhanden gekommen ist. Sie haben auch den zum Üben erforderlichen Fuhrpark, sodass niemand erst einen Anhänger kaufen muss, bevor er seine Fertigkeiten auf diesem Gebiet verbessern kann.

## Bremsen

Wer das Verhalten seines Gespannes richtig kennenlernen will, sollte auch das Bremsen üben. Bei Bremsproben muss allerdings mit Vorsicht zu Werke gegangen werden. Geschwindigkeit und Höhe der Abbremsung sind jeweils in Stufen zu steigern. Bremsproben dürfen natürlich nur dort durchgeführt werden, wo dies ohne Gefährdung des öffentlichen Verkehrs möglich ist. Die Fahrbahnbreite sollte einen Sicherheitsbereich für das eventuell ausknickende Gespann bieten. Grundsätzlich sollte eine außenstehende Person das Bremsmanöver absichern und das Bremsverhalten der Fahrzeuge beobachten (z. B. auf den Auflaufweg der Anhängerbremse achten).

Bei Bremsungen mit höheren Verzögerungen ist das Blockierverhalten der einzelnen Achsen im Zug zu beachten. Reagiert z. B. das Zugfahrzeug nicht mehr auf Lenkbewegungen (Blockieren der Vorderräder), muss die Pedalkraft entsprechend reduziert werden. Wer so etwas im Ernstfall können will, muss allerdings das Notbremsverhalten geübt haben.

Insbesondere bei längeren Gefällefahrten sind die Bremsen durch die Wahl des richtigen Getriebeganges (niedrige Geschwindigkeit) zu entlasten. Dies ist umso wichtiger, je mehr die Fahrzeuge beladen sind. Vorausschauende Fahrweise ist bei Gespannbetrieb besonders angebracht, um Notbremsungen möglichst zu vermeiden – und schont ganz nebenbei die Nerven.

**Geschwindigkeit**

Abgesehen von den gesetzlichen Vorschriften sollte nur eine Höchstgeschwindigkeit gefahren werden, die deutlich unterhalb der kritischen Gespanngeschwindigkeit liegt. Das Problem ist natürlich, dass man die jeweilige kritische Gespanngeschwindigkeit nicht kennt. Es muss auch dringend davon abgeraten werden, sie im Fahrversuch selbst zu ermitteln. Aufgrund von Versuchserfahrung müssen wir sagen, dass es sogar für Testfahrerprofis auf weiträumigem Versuchsgelände ein spektakuläres Unterfangen sein kann.

Ratsam ist es, mit einer üblichen zulässigen Zugzusammenstellung die 80-km/h-Grenze grundsätzlich einzuhalten. Führt man einen Anhänger mit, der die zulässige Anhängelast des Pkw deutlich unterschreitet, kann man unter günstigen Verkehrs- und Straßengegebenheiten dort, wo es (im Ausland) gestattet ist, auch einmal 100 km/h fahren. Erfüllt ein Zug die Tempo-100-km/h-Kriterien und ist die erforderliche Genehmigung eingeholt (siehe dazu Kapitel 4.2.2), kann man bei günstigen Umständen ebenfalls 100 km/h fahren.

Noch höhere Geschwindigkeiten könnten nur in Frage kommen, wenn die kritische Fahrgeschwindigkeit eines bestimmten Gespannes bekannt ist, Verkehrs-, Straßen- und Witterungsverhältnisse günstig sind sowie die (ausländischen) Verkehrsvorschriften dies gestatten. Allerdings können ungünstige Beladung oder Außenlasten – wie am Wohnwagenheck transportierte Fahrräder – die kritische Geschwindigkeit drastisch herabsetzen. Daher ist hier besondere Vorsicht angebracht.

An dieser Stelle noch ein versicherungsrechtlicher Hinweis: Da Anhänger nur für eine Geschwindigkeit von maximal 100 km/h gebaut sein müssen, können die Versicherungen bei Unfällen mit gefahrenen Geschwindigkeiten über 100 km/h die Versicherungsleistung einschränken.

## Verhalten bei Pendelschwingungen

Bemerkt man Pendelschwingungen des Anhängers, ist sofort die Geschwindigkeit – zumindest durch Gaswegnehmen – zu reduzieren. Bei stärkerem Pendeln muss gebremst werden. Ein „Strecken des Zuges" durch Gasgeben ist ein nicht selten gegebener falscher Rat. Auch Korrekturbewegungen am Lenkrad führen beim üblichen Gespannfahrer häufig nur zur Verschlimmerung des kritischen Fahrzustandes.

Mittlerweile gibt es das sogenannte Anhänger-ESP auf dem Markt, ein elektronisches System, welches Pendelschwingungen eines Gespannes – also das gefürchtete Aufschaukeln – erkennt und selbsttätig eingreift, um die kritische Situation zu entspannen. Dieses kann sowohl im Zugwagen als auch im Anhänger eingebaut sein. In der Regel erfolgt ein mehr oder weniger heftiger Eingriff in die Bremse, um das Zugwagen-Anhänger-Gespann schnell aus der kritischen Resonanzgeschwindigkeit herauszuführen. Die in Anhängern verbauten Systeme heißen z. B. Alko ATC oder BPW iDC und können teilweise sogar nachgerüstet werden.

Im Gegensatz zur im vorhergehenden Kapitel beschriebenen Stabilisierungskupplung verbessert das Anhänger-ESP das Fahrverhalten eines Gespannes jedoch nicht, es ist ein nur ein Notfallsystem – allerdings ein wirksames.

## Seitenwind

Bewegt man einen Anhänger mit großflächigem Aufbau, z. B. einen Wohnanhänger, hinter seinem Pkw, muss man dem Seitenwind und den Straßengegebenheiten, wo Seitenwind sich kritisch auswirkt (z. B. auf Brücken), besondere Beachtung schenken. Richtig ist in solchen Fällen: Reduzierung der Geschwindigkeit, da die Gierbewegungen des Gespannes bei gleichem Seitenwind mit der Fahrgeschwindigkeit erheblich zunehmen [29].

### Überholen

Beim Überholen ist vor allem daran zu denken, dass das Beschleunigungsvermögen eines Gespannes meist eine Größenordnung schlechter ist als das des Solo-Pkw. Bei Wohnanhängerzügen und ähnlichen Gespannen gibt es aerodynamische Probleme. Wenn das Gespann z. B. einen Lastzug bei Seitenwind von rechts überholt, werden Zugfahrzeug und Anhänger durch das Unterdruckgebiet in der Lastzug-Umströmung angezogen. Bei der Ausfahrt aus der Lastzug-Umströmung wird der kurzfristig vorhandene quasistationäre Zustand plötzlich durch das Überdruckgebiet an der Front des Lastzuges aufgehoben. Das Zugfahrzeug erhält einen Drehimpuls nach links. Bei relativ hoher Überholgeschwindigkeit kann es dabei zu gefährlichen Pendelschwingungen des Gespannes kommen. Unangenehm wirkt sich für einen Gespannfahrer auch der umgekehrte Fall bei Seitenwind von links aus, wenn der Lastzug das Wohnanhängergespann überholt. Falsch ist es, in solchen Fällen mit hektischen Lenkradbewegungen zu reagieren.

## 4.4 Wartung und Reparatur

Die Technik eines Pkw-Anhängers ist im Vergleich zum Kraftfahrzeug recht einfach, sodass nur wenigen regelmäßigen Wartungsarbeiten Aufmerksamkeit geschenkt werden muss.

Teile, die beim Anhänger üblichem Verschleiß unterliegen, sind die Bremsbeläge und die Reifen. Verschleiß an den Bremsbelägen vergrößert – falls die Radbremsen sich nicht automatisch nachstellen – die Wegverhältnisse an der Auflaufbremse. Im Extremfall kann der Weg an der Auflaufeinrichtung bis zum Anschlag gehen, was die Bremswirkung schließlich auf null sinken lässt. Die Nachstellung erfolgt üblicherweise an den Radbremsen selbst. An den Übertragungseinrichtungen der Auflaufbremsen soll in der Regel nichts verändert werden. Grundsätzlich ist nach den jeweiligen Herstellerangaben zu verfahren. Wer sich nicht genau auskennt und nicht über entsprechende Erfahrung sowie richtiges Werkzeug verfügt, sollte von den sicherheitsrelevanten Bremseinrichtungen die Finger lassen. Unsachgemäße Reparaturen können zu erheblichen Schäden (z. B. Heißfahren einer zu knapp eingestellten Bremse) oder zu Unfällen (Ausfall der Bremse bei zu großem Auflaufweg oder einseitig wirkender Bremse) führen.

Reifen müssen regelmäßig auf Beschädigungen und ausreichende Profiltiefe kontrolliert werden. Bei einer Profiltiefe unter 2 mm sollten die Reifen erneuert werden. Bei einer Profiltiefe von 1,6 mm ist die absolute Grenze der Verkehrssicherheit erreicht (§ 36 Abs. 2 StVZO).

Insbesondere bei älteren Anhängern sind die Teile der Zugvorrichtung darauf zu prüfen, ob sie ausgeschlagen sind bzw. zu viel Spiel haben. Im Zweifelsfall ist der Rat eines Fachmannes einzuholen, der zur Kontrolle des Verschleißes über eine entsprechende Lehre verfügt.

An Zugvorrichtungen und manchmal auch an Bremsseilen und Achsen befinden sich noch Schmiernippel, die natürlich regelmäßig mit Fett zu versorgen sind. Wer seine Kupplung mit Fett versieht, tut nur etwas Gutes, wenn er verschmutztes Fett (z. B. durch Sandkörner) regelmäßig beseitigt und durch frisches ersetzt. Ausnahme: Eine Kupplung mit Stabilisierungseinrichtung wird durch Fett oder eine andere Beschichtung – jedenfalls was die Funktion der Dämpfungseinrichtung betrifft – unbrauchbar. Kupplungskugel und Reibbeläge müssen sauber und fettfrei gehalten werden, als Reinigungsmittel empfiehlt sich Verdünnung oder Spiritus. Weiterhin sind alle beweglichen Lagerstellen und Bolzen leicht zu ölen.

Prüfen sollte man gelegentlich auch die Radlager durch einfaches Drehen der Räder bei aufgebocktem Anhänger (Achten auf Geräusche), um Schäden festzustellen, und durch Radkippbewegungen, um zu große Spiele zu ermitteln.

Bei elektrischen Leitungen achtet man auf eventuelle Scheuer- oder Quetschstellen, und die Funktionsprüfung der Beleuchtungseinrichtungen sollte möglichst nach jedem Ankuppeln des Anhängers erfolgen. Das Austauschen defekter oder verbrauchter (stark gedunkelter) Glühlampen gehört zu den einfachen Do-it-yourself-Arbeiten, bei denen man nur darauf achten muss, dass die richtigen Lampen (Volt- und Wattangaben!) an der richtigen Stelle eingesetzt werden. Ältere Anhänger weisen häufig ausgeblichene Gläser in den Beleuchtungseinrichtungen auf. Der einschlägige Fachhandel führt häufig auch noch Gläser für die Leuchten älterer Baujahre.

Auch an den Aufbauten gibt es Wartungsarbeiten, wie z. B. das gelegentliche Ölen von Scharnieren und Verschlüssen. Bei teuren Spezialaufbauten wie bei den Wohnanhängern bedürfen die diversen Einrichtungen (z. B. Flüssiggasanlagen) spezieller Wartung. Doch das liegt außerhalb der eigentlichen Fahrzeugtechnik und soll hier nicht behandelt werden.

Reparaturarbeiten z. B. an Beschädigungen der Fahrzeugaußenwände von Wohnanhängern erfordern bei den dünnen Alublechen, Kunststoffteilen, Sandwichplatten usw. entsprechende Fachkenntnisse und handwerkliche

Fähigkeiten. Je nach Fahrzeugkonstruktion sollte man bei solchen Beschädigungen den Aufbauhersteller zu Rate ziehen. Verwiesen sei in diesem Zusammenhang auch auf die Arbeitsunterlagen für den Kundendienst, die Reparaturwerkstätten und die Caravan-Sachverständigen, die der Verband Deutscher Wohnwagen- und Wohnmobilhersteller (VDWH) herausgegeben hat. In dem entsprechenden Handbuch werden z. B. die Reparaturmöglichkeiten bei Schäden an glatten Alu-/Blechverkleidungen und Sandwich-Seitenwänden ausführlich beschrieben [31]. Die Bilder 76 und 77 zur fachmännischen Reparatur eines Blechdurchschlags sind diesem Reparaturhandbuch entnommen.

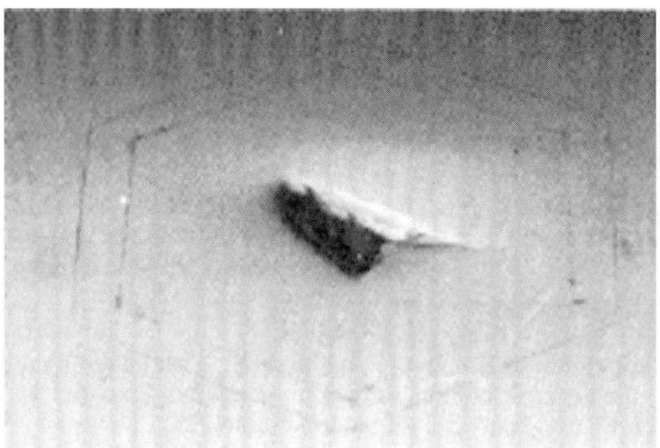

***Bild 76:*** Schaden an einem Wohnwagen-Alublech

***Bild 77:*** Fachgerechte Reparatur des in Bild 76 dargestellten Schadens

# Quellen

## 5.1 Literatur (ohne Anspruch auf Vollständigkeit)


[1] Trailer Tax (ehemals Eurotax Schwacke), Hans-Sachs-Straße 16, D-59558 Lippstadt-Rixbeck

[2] SchwackeListe Caravan & Reisemobile, Verlagsbüro ID GmbH & Co. KG, Jathostraße 10a, D-30916 Isernhagen

[3] Kober, K.: Moderne Fahrwerkskonstruktionen beim Wohnwagen. Vortrag beim Kolloquium „Wohnfahrzeuge für die 80er Jahre“ des TÜV Rheinland am 3.12.1981

[4] Kaup, F.: Schweißen an Kraftfahrzeugen. Verlag Technischer Überwachungs-Verein Bayern e. V., München

[5] DIN-Normblätter. Beuth Verlag GmbH, Burggrafenstraße 6, D-10787 Berlin

[6] Katalog- und Prospektunterlagen der Firma BPW Bergische Achse KG, Ohlerhammer, D-51674 Wiehl

[7] Richtlinien über Bremsanlagen in Zügen mit durchgehender hydraulischer Kraftübertragung. Verkehrsblatt 1960, Heft 9, S. 170 und 1965, Heft 5, S. 154

[8] Leiter, R./Missbach, S.: Bremsanlagen. Vogel Buchverlag, Max-Planck-Str. 7/9, D-97082 Würzburg

[9] Leitlinien des Wirtschaftsverbandes der Deutschen Kautschukindustrie. wdk Wirtschaftsverband der Deutschen Kautschukindustrie e. V., Zeppelinallee 69, D-60487 Frankfurt (Main)

[10] Hoffmann, Flehmig, Padberg: Innovative Leichtbau-Hohlprofile im Fahrzeugbau. Verein Deutscher Eisenhüttenleute, Verlag Stahleisen GmbH, Sohnstraße 65, D-40237 Düsseldorf

[11] Sichern von Schraubverbindungen. Böllhoff aktuell, Ausgabe 27, Firma Böllhoff GmbH, Archimedesstraße 1–4, D-33649 Bielefeld

[12] Merkblatt über Vorstehende Außenkanten. Publikation vom 10. Oktober 2007, Herausgeber: Kraftfahrt-Bundesamt, Flensburg

[13] Beck'sche Textausgaben: Straßenverkehrsrecht. Straßenverkehrs-Richtlinien, Verlag C. H. Beck

[14] Schurig, R.: Straßenverkehrs-Ordnung mit Kommentar und farbigen Verkehrsskizzen. Kirschbaum Verlag GmbH, Siegfriedstraße 28, D-53179 Bonn

[15] ECE: Draft Provisions on Caravans. TRANS/SC 1/WP 29/R 90

[16] Mitschke, Manfred: Dynamik der Kraftfahrzeuge. 4. neubearbeitete Auflage, Springer, Berlin 2004

[17] Seibert, W./Breuer, B.: Über den Einfluß von Bereifung, Federung und Dämpfung eines einachsigen Caravans auf die Fahreigenschaften eines Personenwagen-Zuges. ATZ 83 (1981) 6, S. 303–306

[18] Zabadneh, M. K.: Personenkraftwagen mit einachsigem Anhänger – Einfluß der Gespannparameter auf die Fahrstabilität. Dissertation Universität Karlsruhe, 1978

[19] ADAC: Testbericht Schlingerdämpfer für Anhängerkupplungen. Allgemeiner Deutscher Automobilclub e. V., Am Westpark 8, D-81373 München, 2000

[20] Heinz, Dieter S. (ADAC): Test Anhänger-ESP „Helfer in der Not“. Allgemeiner Deutscher Automobilclub e. V., Am Westpark 8, D-81373 München, 2005

[21] Rompe, K./Grunow, D.: Verhalten von PKW und PKW-Wohnanhänger-Zügen bei Notbremsungen. Der Verkehrsunfall (1979) Heft 9, S. 191–195 und Heft 10, S. 213–216

[22] Heinz, Dieter S. (ADAC): Test elektronische Regelsysteme „Die heimlichen Helfer“. Allgemeiner Deutscher Automobilclub e. V., Am Westpark 8, D-81373 München, 2002

[23] Conrads, G.: Seitenwindverhalten von PKW-Wohnanhänger-Gespannen. Diplomarbeit RWTH Aachen, durchgeführt bei Daimler-Benz AG, Stuttgart, 1981
[24] Burckhardt, M.: Zur Bremsdynamik eines PKW-Gespanns mit auflaufgebremstem Anhänger. ATZ 1982
[25] Burow, K.: Untersuchung zu Kriterien zur Festlegung der zulässigen Anhängelast bei Pkw. Institut für Sicherheitsforschung im Straßenverkehr, TÜV Rheinland e. V., Köln
[26] Heinz, Dieter S. (ADAC): Test Gespannsicherheit „Sicher ist sicher". Allgemeiner Deutscher Automobilclub e. V., Am Westpark 8, D-81373 München, 2004
[27] Wohnfahrzeuge für die 80er Jahre. Kolloquiumsbericht des Instituts für Verkehrssicherheit im TÜV Rheinland e. V., Verlag TÜV Rheinland, Köln 1981
[28] Desens, Jens: Verbesserung der Fahrstabilität von Pkw-Gespannen mit aktiv gesteuerten Lenkungen. Dissertation, Technische Universität Berlin, 1991
[29] Zomotor, A./Richter, K. H./Kuhn, W.: Untersuchungen über die Stabilität und das aerodynamische Störverhalten von PKW-Wohnanhänger-Zügen. Vortrag beim Kolloquium „Wohnfahrzeuge für die 80er Jahre" des TÜV Rheinland am 3.12.1981 in Köln
[30] Mitschke, M./Shibakawa, H./Helms, H.: Bremsverhalten von Personenkraftwagen mit Einachsanhänger. DKF-Heft 253, 1977
[31] Caravaning Industrie Verband e. V.: Reparatur-Handbuch für Reisemobile und Caravans. CIVD, Königsberger Straße 27, D-60487 Frankfurt
[32] Katalog- und Prospektunterlagen der Firma Knott GmbH, Obinger Straße 15, D-83125 Eggstätt
[33] Katalog- und Prospektunterlagen der Firma Winterhoff GmbH, Egenstraße 2, D-58339 Breckerfeld
[34] Katalog- und Prospektunterlagen der Firma Westfalia-Automotive GmbH, Am Sandberg 45, D-33378 Rheda-Wiedenbrück
[35] Katalog- und Prospektunterlagen der Firma AL-KO Kober AG, Ichenhauser Straße 14, D-89359 Kötz

## 5.2 Bilder

| | |
|---|---|
| AL-KO Kober AG<br>(www.al-ko.de) | Nr. 9, 11, 14, 24, 26, 27, 34, 72, 75 |
| Anhänger HAHN GmbH & Co. KG<br>(www.hahn-anhaenger.de) | Nr. 12 |
| Böckmann Fahrzeugwerke GmbH<br>(www.boeckmann.com) | Nr. 1c, 3 |
| BrinkNr.<br>(www.brink.eu) | Nr. 56, 58 |
| Caravaning Industrie Verband e. V.<br>(vorm. VDWH)<br>(www.civd.de) | Nr. 76, 77 |
| COBRAtrailer, Alfred Sindelberger<br>Fahrzeugtechnik GmbH<br>(www.cobratrailer.com) | Nr. 49 |
| DaXara NL<br>(www.DaXara.nl) | Nr. 44 |
| Freiwillige Feuerwehr Meggenhofen<br>(www.ff-me.info) | Nr. 40 |
| Harbeck Fahrzeugbau GmbH<br>(www.harbeck.de) | Nr. 19, 48a, 48b, 48c, 48d, 49 |

| | |
|---|---|
| Hella KGaA Hueck & Co<br>(www.hella.com) | Nr. 66 |
| HERMANN TECHAU GmbH<br>(www.techau.de) | Nr. 50 |
| Hobby Wohnwagenwerk<br>Ing. Harald Striewski GmbH<br>(www.hobby-caravan.de) | Nr. Titel, 1a, 2 |
| HRB Heinemann AG<br>(www.hrbanhaenger.ch) | Nr. 64, 65 |
| Humbaur GmbH<br>(www.humbaur.com) | Nr. Titel, 35, 36, 37, 52 |
| HYMER AG<br>(www.hymer.com) | Nr. 4, 5, 51 |
| nicknick_ko – Fotolia.com<br>(www.fotolia.com) | Nr. Titel |
| Josef Peitz jun. GmbH & Co KG | Nr. 8, 10, 15, 30, 33 |
| KBA Kraftfahrt-Bundesamt<br>(www.kba.de) | Nr. 41, 42 |
| Saris Aanhangers BV<br>(www.saris.net) | Nr. 38 |
| TÜV Rheinland Group<br>(www.tuv.com) | Nr. 13, 16, 17, 18, 20, 21, 22, 23, 31, 32, 43, 54, 55, 57, 60, 61, 62, 63, 67, 68, 69, 70, 71, 73, 74 |
| Thiel Pferdeanhänger<br>(www.thiel-anhaenger.de) | Nr. 46 |
| Westfalia<br>(www.westfalia-trailer.eu) | Nr. 1b, 1d, 7, 25, 29, 39, 45, 53 |
| Wilk, KNAUS TABBERT GMBH<br>(www.wilk.de) | Nr. 28, 59 |
| wm meyer Fahrzeugbau AG<br>(www.wm-meyer.de) | Nr. 6 |